海南省定安县
耕地地力评价与利用

◎ 岑彩霞　吕烈武　主编

中国农业科学技术出版社

图书在版编目（CIP）数据

海南省定安县耕地地力评价与利用／岑彩霞，吕烈武主编 . —北京：
中国农业科学技术出版社，2018.4
ISBN 978-7-5116-3510-5

Ⅰ.①海… Ⅱ.①岑…②吕… Ⅲ.①耕作土壤-土壤肥力-土壤调查-
定安县②耕作土壤-土壤评价-定安县 Ⅳ.①S159.266.4②S158.2

中国版本图书馆 CIP 数据核字（2018）第 030588 号

责任编辑　李　雪　徐定娜　陈　焰
责任校对　贾海霞

出 版 者　中国农业科学技术出版社
　　　　　北京市中关村南大街 12 号　邮编：100081
电　　话　（010）82109707（编辑室）
　　　　　（010）82109702（发行部）
　　　　　（010）82109709（读者服务部）
传　　真　（010）82106626
网　　址　http://www.castp.cn
经 销 者　各地新华书店
印 刷 者　北京建宏印刷有限公司
开　　本　787 mm×1 092 mm　1/16
印　　张　10.5
字　　数　219 千字
版　　次　2018 年 4 月第 1 版　2018 年 4 月第 1 次印刷
定　　价　48.00 元

《海南省定安县耕地地力评价与利用》
编写人员

主　　编：岑彩霞　吕烈武

副主编：李小云　朱　宏　陈　照

参　　编：张祚安　张　润　魏大钦　唐甸伟

　　　　　吴育富　王德长　陈　龙　叶家桐

　　　　　莫运清　王德玉　曾　娇　王定伟

　　　　　梁达科

前　　言

海南省定安县地处热带，自然条件优越，有着丰富的生物和土壤资源，水热条件优越，适于各种热带作物的生长，生产潜力大，是海南主要热作生产基地之一。

根据《全国耕地地力调查与质量评价试点工作方案》《全国耕地地力调查与质量评价技术规程》的要求，海南省定安县承担了 2008 年全国耕地地力调查与质量评价试点工作。定安县农业技术推广中心经过充分调研，摸清了定安县耕地地力和质量状况，查清了影响当地农业生产持续发展的主要制约因素，建立了较为完善的、操作性强的、科技含量高的定安县耕地地力评价体系，并初步构筑了定安县耕地资源信息管理系统；提出了定安县耕地保护、地力培肥、耕地适宜种植、科学施肥及土壤退化防治技术等措施。这些成果为定安县各级农业决策者制定农业发展规划、调整农业产业结构、加快绿色食品基地建设步伐、保证粮食生产安全以及促进农业现代化建设提供了最基础的第一手科学资料和最直接的科学依据，亦为今后大面积开展耕地地力调查与质量评价工作、实施沃土工程、发展旱作节水农业及其他农业新技术普及工作提供了技术支撑。

本书共分七章。岑彩霞、吕烈武、唐甸伟负责前言、第一章的编写；吕烈武、岑彩霞、唐甸伟负责第二章的编写；李小云、朱宏、陈照负责第三章的编写；陈照、李小云、魏大钦负责第四章的编写；岑彩霞、张润负责第五章的编写；朱宏、魏大钦、陈龙负责第六章的编写；岑彩霞、吕烈武、吴育富负责第七章的编写；张祚安、王德长、叶家桐、莫运清、王德玉、曾娇、王定伟、梁达科等参加样品采集、化验、数据录入并核对；岑彩霞负责对各章节的修改补充和全书的统稿并对本书编写进行全程指导。

本书的撰写得到中国热带农业科学院热带作物品种资源研究所漆智平研究员、魏志远老师、王登峰博士等专家的大力支持，在这里一并致谢。

由于编写时间仓促，编写人员水平有限，书中难免有收录不当、涵盖不全、叙述不清、表意不明等不足和疏漏之处，敬请广大读者批评指正。

编　者

2017 年 10 月

目　　录

第一章　自然与农业生产概况

定安县1292年始设，定安寓意必定安稳。定安县治在丘陵地带的南资都南坚峒，即今龙门镇西北的官衙、官井村一带（另说在定安县黎族聚居山区边缘至今中瑞农场的双灶岭）。天历二年（1329年），升定安县为南建州，直属于海北（今广西北海市）元帅府，级别升格，辖区不变。南雷峒主王官为知州，州治设在琼牙乡，即今定城南门外的杨墩坡村南边（仅见古代《定安县志》记载，从未发现文物证据）。明初由原南建州世袭知州王廷金将州治迁其故里今岭口镇九锡山村。明朝洪武二年（1369年，另说洪武元年），改南建州为定安县，县治在琼牙乡，隶属于琼州府。县治于次年迁到定阳（今定城）。清代不变。中华民国时期，定安县政府设在定城，隶属琼崖绥靖委员会公署、琼崖行政委员会、广东省第九行政督察区、海南特别行政区长官公署等。中华人民共和国成立后，定安县人民政府1950年隶属于海南军政委员会，办公地设在定城旧县衙。1951年隶属于海南行政公署。1958年12月与屯昌县合并为定昌县，县政府驻地为屯城。1961年5月恢复定安县，人民政府驻地在定城。1985年隶属于海南行政区人民政府。1988年海南建省，隶属于海南省人民政府至今。

第一节　地理位置与行政区划

定安县位于海南岛的中部偏东北，东经110°7′~110°31′，北纬19°13′~19°44′。东临文昌市，西接澄迈县，东南与琼海市毗邻，西南与屯昌县接壤，北隔南渡江与海口市琼山区相望；东西宽45.50千米，南北长68千米，疆界长251.50千米，全县面积1 177.70平方千米。辖10镇（定城、雷鸣、龙门、龙湖、龙河、岭口、翰林、富文、新竹、黄竹）、15个社区居民委员会、108个村民委员会、274个居民小组、1 600个村民小组；有935个自然村、3个处级国营农场、1个处级国营林场。2015年统计，全县10.78万户34.14万人，农业人口24.28万人，占总人口的71.12%，住有汉、苗、黎、回、白、布依、满、侗、瑶、土家、仫佬等族居民，汉、苗族为世居民族，分别占总人口97.93%、0.81%。其他少数民族主要分布在3个国营农场。

第二节　自然与农村经济概况

一、农业土地资源概况

2015年全县土地资源及利用现状：常用耕地面积333 773.00亩（1亩≈666.7平方

米，1公顷=15亩，全书同），占土地总面积的18.89%，其中水旱田面积168 829.00亩，占耕地面积的50.58%，旱地面积164 944.00亩，占耕地面积的49.42%。园地面积85 466.60亩，占土地总面积的4.84%，其中果树面积62 406.90亩，占园地面积的73.02%。林地面积460 548.40亩，占土地总面积的26.07%，其中橡胶面积272 607.00亩，占林地面积的59.19%。草地面积1 635.00亩。设施农业用地1 759.00亩。

二、自然气候与水文地质条件

（一）气　候

定安县属热带季风海洋性气候，其特点是：气候温和，热量丰富，阳光充足，雨量充沛。年平均气温24摄氏度，年平均日照1 880小时以上，年平均降水量1 953毫米。在季节气候上，冬春雨水少，夏秋多风雨，干湿季分明，且雨热同季。在农业生产中常受"四风"（清明风、寒露风、台风、干热风）、"两雨"（低温阴雨、暴雨）的影响。早造生产常受清明风、干热风、低温阴雨制约；晚造生产受寒露风、热带风暴和暴雨袭击。

1. 气　温

定安县的年平均气温北部24摄氏度，南部23.60摄氏度，温差0.40摄氏度；最热月平均气温北部28.50摄氏度，南部27.10摄氏度，温差1.40摄氏度；最冷月（1月）平均气温北部17.80摄氏度，南部18.30摄氏度，温差0.50摄氏度；极端最高气温39.90摄氏度，1977年5月18日在定城镇出现；极端最低气温2.20摄氏度，1974年1月2日出现在南部的中瑞农场。

由于地形与植被的不同，气温南北有别，冬春季节一般南高北低，温差0.50摄氏度；夏秋季节一般北高南低，温差1~2摄氏度。一年里，全县各地日平均气温大于或等于12摄氏度的日数有323~325天，大于或等于15摄氏度的日数有291~294天，大于或等于20摄氏度的日数为224~230天。温度条件完全满足早、晚稻生产的温度需求。

2. 日　照

定安县处于低纬度地区，全年太阳投射的角度较大，辐射强，光热充足。年平均日照时数为1 880小时以上，其中7月份日照时数多，达223小时；2月份日照时数最少，只有94小时。日照时数最多的年份是1963年的2 269.40小时，最少年份是1970年的1 664.20小时。历年月平均日照时数为157小时，日平均日照时数为5.20小时。在季节分布上，夏季日照时数最多，占全年日照时数的34%，春季占20%，秋季占28%，冬季占18%。冬季寡照，常伴有低温阴雨天气，对早稻育秧和越冬作物不利；夏至日可照时数最长，冬至日可照时数最短。

3. 降水与蒸发

（1）降水

全县多年平均降雨量 1 953 毫米，地区分布不均匀，南部偏多，北部偏少。县内地势南高北低，3 条主要河流均自南向北流。南部高丘区雨量最多，中瑞站多年观测平均雨量 2 457.50 毫米，最大年雨量 3 219.60 毫米；中部低丘台地，雨量渐少，南扶站多年观测平均雨量 2 042.20 毫米，最大年雨量 2 764.70 毫米；北部为阶地平原区，雨量更少，定安站多年观测平均雨量 1 831.30 毫米，最大年雨量 2 379 毫米。南、北部多年平均雨量相差 626.20 毫米。定城年平均降水量为 1 953 毫米，最多的是 1994 年 2 739 毫米，最少的是 1977 年 1 436.80 毫米。年平均降水日数 163 天，最多的是 1972 年 191 天，最少的是 1977 年 129 天。

降雨量年际变化较大，据定安站 37 年资料统计，枯水年（P=90%）雨量 1 373.50 毫米，平水年（P=50%）雨量 1 813 毫米，丰水年（P=10%）雨量 2 307.40 毫米，丰、枯年雨量相差 933.90 毫米，最丰比最枯年雨量多 1.40 倍。降雨量年内分配不均匀，冬春少，夏秋多。据定安、三滩、南扶 3 个站多年资料统计，夏秋季雨量占年总量的 75.60%~78.20%，冬春季雨量占年总量的 21.80%~24.40%。汛期（5—10 月）雨量占年总量的 81.20%~81.70%。枯水期（11 月至次年 4 月）雨量仅占年总量的 18.30%~18.80%。由于年内降雨不均匀，以致冬春受旱，夏秋易涝。

一年中降水强度大的时间，大都是热带风暴（含台风及热带低压）带来的暴雨所致。最大日雨量达 335.40 毫米，发生在 1996 年 9 月 20 日。全年平均暴雨日数 12.60 天，多发生在 4 月下旬到 10 月下旬，最多的 1983 年 21 天。大强度的降水往往造成洪涝灾害，但有时连续几个月无透土雨，也使作物受旱。

（2）蒸发

与降水一样，蒸发对农作物的生长也很重要。定安县年平均蒸发量为 1 763 毫米，年际变化在 1 500~2 932 毫米之间；年中 5—7 月蒸发最大，最大月蒸发量 257 毫米；蒸发量最少是 12 月至次年 2 月，最少月蒸发量 40 毫米。年平均降水量与蒸发量之差为 190 毫米，降水大于蒸发，但在季节上略有区别，夏秋季降水大于蒸发，而冬春季则蒸发大于降水。

4. 风

定安县的主导风向各月有异，4—8 月盛行东南偏南风，出现频率较大；9 月至次年 2 月多吹东北风，出现频率略大；3 月主吹东南风。年中通常风风速变化不大，月平均 2~3 米每秒，只有在夏天的雷雨时，偶尔出现大风。

（二）地质地貌与成土母质

1. 地　　质

定安县地质主要由砂页岩、玄武岩、火山灰岩、花岗岩等岩石构成。砂页岩是由各种碎硝物质和胶结物组成，形成于新生晚代第三纪的上新世，距今 220 万年，是全县的主要成土母质，主要分布在雷鸣、富文、新竹、龙湖居丁的全部和定城、龙湖永丰的大部分。玄武岩是新生晚代第三纪至第四纪的第一期形成的橄榄玄武岩，形成于 300~400 万年前，多由橄榄石和辉石组成，主要分布在金鸡岭一带，包括龙门大部分，黄竹部分和金鸡岭农场。幼龄玄武岩是火山灰岩，生成晚于第一期玄武岩，主要分布在岭口、翰林、龙河的大部分和龙门的局部地区。花岗岩属于中生代第四期侵入岩，形成介于早晚白垩纪之间，距今已有 1.35 亿年，因常被砂页岩堆积物覆盖，故被误为砂页岩，主要分布在定安县南部的龙河、龙门、翰林、富文的坡寨地区和边缘狭长地带。

2. 地　　貌

因受地形、气候条件和地壳内外引力的作用，地貌呈南北长、东西窄的不规则形状。地势由南向北缓度倾斜，形成南高北低的姿势，从海拔最高点 512.70 米递降至最低点 15.20 米。全县境内地貌变化，具有类型多样、成因不一的地貌特征。既有砂页岩、玄武岩、火山灰岩、花岗岩等所构成的台地、残丘地貌，也有浅海沉积物和河流冲积物形成的平坦阶地地貌。南部、西部、东南部丘陵起伏，有南部边界的南牛岭，西部的加峰岭、西坡岭，东部的乌盖岭，构成高丘（海拔 250~500 米）和低丘（海拔 100~250 米）地貌区。北部多为平坦阶地（海拔 50 米以下），中部靠北地区有金鸡岭耸立其间，构成残丘和台地交错的地貌。

定安县地貌类别归纳可分成高丘陵、低丘陵、台地、阶地、水域等，总面积为 1 766 464.70 亩。高丘陵地海拔高度在 250~500 米之间，面积 53 313.80 亩，占全县面积 3.02%，主要分布在中瑞、龙河、翰林、东方红农场等南部地区。低丘陵地海拔高度在 100~250 米之间，面积 531 978.80 亩，占全县面积 30.12%，主要分布在黄竹、龙门、新竹、岭口、翰林、龙河、龙湖的永丰、富文的坡寨等地区。台地海拔高度在 50~100 米之间，面积 750 653.50 亩，占全县面积 42.49%，主要分布在龙湖、雷鸣、富文、定城等地区。阶地海拔高度在 50 米以下，面积 372 431.30 亩，占全县面积 21.08%，主要分布在南渡江沿岸和定城镇地区。水域面积 58 087.30 亩，占全县面积 3.29%，分布在全县各镇。

3. 成土母质与土壤类型

由东北至西南依次分为浅海沉积物发育而成的黄赤土（硅质砖红壤）、砂页岩发育而成的黄红赤土（黄色砖红壤）、玄武岩发育而成的赤土（铁质砖红壤）、火山岩发育而成的幼龄赤土（砖红壤性土）和花岗岩发育而成的红赤土（砖红壤）。黄赤土（砂壤土）是少量浅海沉积物和河流冲积物形成的土地，肥力中等，有机质略丰，原生植被多为天然草地，主要分布在定城、龙湖和龙河等南渡江沿岸镇地带，是粮、油、菜生产区，约占总面积的 3.40%；黄红赤土由各种碎屑物质和胶结构物质组成，土层较浅，肥力较低，原生植被为多层岗松或草类，是定安县的主要成土母质，主要分布在雷鸣、富文、新竹、龙湖的绝大部分地区和定城的大部分地区，是林、牧、渔的主要产区，约占总面积的46.70%；赤土多由橄榄石和辉石组成，土层深厚，有机质丰富，原植被多为灌木草地，主要分布在金鸡岭一带，包括龙门、黄竹镇大部分，岭口、翰林镇部分和金鸡岭农场，是粮、糖蔗、槟榔、菠萝蜜、荔枝、龙眼等的主要产区，占总面积的22.20%；幼龄赤土和花岗岩红赤土土层较深，地力较高，原生植被为天然稀树灌丛，地势坡度较大，属丘陵地区，主要分布在岭口、翰林、龙河、龙门、富文的坡寨地区和中瑞农场，是胶、林等热带作物的主产区，占总面积的27.70%。

定安县土壤划分为4个土类（水稻土、砖红壤、潮沙泥土、石质土），9个亚类（淹育型水稻土、潴育型水稻土、渗育型水稻土、潜育型水稻土、沼泽型水稻土、耕型砖红壤、潮沙泥地、非耕型砖红壤、潮沙泥土），41个土属，113个土种。

（三）自然植被

定安县地处热带，地貌多样，低丘台地面积占全县2/3，植物资源较为丰富，主要以乔木群落、次生林稀树灌丛及林下灌木为主。据史料记载及考察，境内植物有1700多种，具有经济利用价值的乔木341种，其中珍贵树种有子京、坡垒、黄杞、乌墨、青梅、母生、绿南、香椿等；油用经济林有油茶、油桐、海棠、石粟等；果树有荔枝、龙眼、黄皮、菠萝蜜、杨桃、石榴等；次生稀树灌丛有桃金娘、岗松、次梅等及某些残存天然阔叶林树种，并常见藤竹伴生。常见的林下灌木有岗松、野牡丹等以及大量的蕨类植物。南药有槟榔、巴戟、益智等；还有白藤、竹、生荔、凉荔等。

20世纪90年代后，境内植物资源已发生根本变化，常绿雨林因人为的滥伐和开垦，所剩不多，取而代之的主要是次生灌木丛和人造常绿林。人工林代替了天然林，主要由热带区系植物的各种栽培种组成，如桉树、木麻黄、加勒比松、相思及多种热带果树、热带作物、香料作物等。丘陵和部分台地属旱性为主的次生杂木林，如桃金娘、岗松、次梅等，有时见某些残存天然阔叶林树种，如荔枝、龙眼、母生、苦楝、加卜、三角风、黄杞、鸭脚木等，还常见藤竹伴生，以及有灌生丝草及荒草坡。阶地及部分低丘、台地多属于旱性稀树灌丛及人工植被为主，林木灌丛有野牡丹、岗松等，以及芒箕和矮草；人工林主要有桉树、松树、木麻黄等，乡土树种有苦楝、母生、南亚松、刺竹、大叶相思、樟树、新银合欢等，均正常生长。总之，在定安县南部和西部仍存在不少天然植被的次生林、灌木林和各种草本群落。

全县的植被大致可分为5个类型，即常绿季雨林、稀树草原、稀树灌丛、草山草坡和人工林。常绿季雨林主要分布于翰林、岭口、龙河镇，以及中瑞农场的丘陵地区；稀树草原和稀树灌丛主要分布于新竹镇、黄竹镇、富文的坡寨、金鸡岭农场，以及龙门镇以南部分丘陵台地；草山草坡主要分布于北部台地、阶地；人工林以中部、南部和西部居多。

按照县内自然条件和林业生产特点,可分为两个植被小区:一是南部和中部次生植被区,范围包括中瑞、南海、红卫、东方红农场和金鸡岭林场,以及龙河、岭口、翰林、龙门镇及龙湖的永丰、富文的坡寨地区。二是北部和中部人工植被区,范围包括定城、新竹、雷鸣镇及龙湖居丁、富文潭陆等地区。

(四) 水文条件

定安县水资源丰富,自然降水量年平均达 1 953 毫米,境内河流不少,除南渡江干流流经北部边界外,流经境内流域面积在 100 平方千米以上的河流 9 条,其中 6 条属南渡江一级或二级支流,3 条属万泉河一级支流,境内总流域面积 1 157.36 平方千米。全县多年平均径流深 1 008 毫米,多年平均径流总量 12 亿立方米 (其中龙州河过境蓄水 3.59 亿立方米),平均年径流系数 0.52,平均每人占有水量 5 000 立方米,每亩耕地占有水量 3 053 立方米。丰水年径流量 18.50 亿立方米,平水年径流量 11.40 亿立方米,枯水年径流量 6.40 亿立方米。地下水资源分布广,蕴藏量十分可观,总量可达 5.96 亿立方米,丰水年 5.03 亿立方米,平水年 3.79 亿立方米,枯水年 3.66 亿立方米。全县水资源总量年平均 15.92 亿立方米,丰水年 23.53 亿立方米,平水年 15.19 亿立方米,枯水年 10.06 亿立方米。

1. 地表水资源

(1) 南渡江水系

● 南渡江

海南岛第一大河流,发源于白沙县境内黎母山区的南峰山,蜿蜒流经白沙、儋州、琼中、屯昌、澄迈、定安、海口等 7 个市县,流程 311.81 千米,在海口市的三联村附近注入琼州海峡。流域面积 7 176 平方千米,平均每秒流量 209 立方米,可发电量 19.60 万千瓦时。明清和民国时期称上游为黎母水,中游称南渡江,下游称北畅(昌)溪。从龙州河口沿定安县北部边界自西向东流经罗温、墩山、大底、定城、多校、高良、巡崖等地与巡崖河汇合,流程 12.90 千米。县内流域面积 872.69 平方千米,约占全县流域总面积的 40%。

● 龙州河

旧称南白水,也叫禄运河,是南渡江一级支流,发源于屯昌县的黄竹岭,向东北流至定安县龙河镇再向北流经屯昌、澄迈、海口市琼山区等市县以及流经定安县西南部的龙河、龙门、富文、新竹镇和定城的龙州地区,在定城的罗温村附近与海口市琼山区的溪头村处汇入南渡江。干流长 107.60 千米,境内 71.70 千米,流域面积 1 293.18 平方千米,境内 563.90 平方千米。河道平均坡降 0.001 11,年平均每秒流量 40 立方米,总落差 163.50 米,其中境内落差 62.70 米。主要支流有流域面积超过 100 平方千米的南淀河和卜南河两条。另外，还有 1 条流域面积约 100 平方千米的支流同仁溪。

（2）万泉河水系

• 文曲河

是万泉河一级支流，流经定安县河段称封浩溪，发源于翰林镇的山峡岭，向东流经翰林的下坡、潭流、石弄桥，岭口镇的封浩、群山，中瑞农场的水坡等地，至南冬流入琼海市境内，经万泉墟（今文曲墟）至石姆园村汇入万泉河。干流长 29.40 千米，境内 17.84 千米；流域面积 135.36 平方千米，境内面积 91.85 平方千米。年均每秒流量 5.10 立方米，河道平均坡降 0.004 52，水能蕴藏量 3 770 千瓦。山高、岭峻、坡陡流急，河床狭窄多石，谷地平坦，多为锅底形，洪水易涨难排，屡受洪涝灾害。新中国成立以后，上游建有良世等水库 2 宗，控制集雨面积 8.32 平方千米，总库容 808.40 万立方米。大寨洋、石六肚等盆地肚田（锅底田）以开挖排水渠，重点加深加宽出水口以排洪涝，结合整治田间排涝系统等措施，综合治理取得良好效果。

• 加浪河

是万泉河一级支流，流经境内河段叫司令溪，发源于龙门镇的久温塘附近，向东南流经林寨园村折转向西南流至红卫农场，再转东南流经岭口镇的枫坡农场，在五丈岭（内洞山）东北面流入琼海市的泮水镇，在溪边寨流入万泉河。干流长 31.20 千米，境内 9.60 千米；流域面积 180.80 平方千米，境内 77.85 平方千米。年均流量 6.13 立方米每秒，水能蕴藏量 2 775 千瓦。上游已建成小型水库 6 宗，控制集雨面积 16.13 平方千米，总库容 415.85 万立方米。

• 塔洋河

是万泉河一级支流，境内干流称山翠溪，支流叫后溪，发源于文昌市蓬莱镇西南的石马村，向南流至山柚山北面入定安县境内，经南保、龙塘田、吴春园等地，在石龙三级水电站下游附近流入琼海市的烟塘、塔洋等地，在南面村南边汇入万泉河。干流长 63.60 千米，境内 9 千米；流域总面积 357.21 平方千米，境内 75.12 平方千米。年均流量 11.30 立方米/秒，河道平均坡降 0.001 36，水能蕴藏量 3 369 千瓦。已在上游建白塘、九陡塘等中小型水库 7 座，控制集雨面积 17.90 平方千米，总库容 1 709.10 万立方米。

2. 地下水资源

定安县地下水有松散岩类孔隙潜水、松散固结岩类孔隙承压水、火山岩类裂隙孔洞水和基岩裂隙水等。地下水资源总量 5.96 亿立方米，扣除浅层地下径流补给量后，地下水实有量：丰水年（P＝10%）5.03 亿立方米，平水年（P＝50%）3.79 亿立方米，枯水年（P＝90%）3.66 亿立方米，地下水开采量 1.25 亿立方米，估计枯水年可利用量 0.75 亿立方米。

（1）松散岩类孔隙潜水

分布在定城、龙湖东侧和新竹白墩、丰保一带，面积71.20平方千米，天然地下水资源0.36亿立方米，0.33亿立方米每年。龙州河、温村水，巡崖河两侧阶地外缘至内，尤其在河流一级阶地前后或河流拐湾地段地下水富集，谓之河谷平原孔隙水，其余为山前洪积层孔隙潜水，含水层3~5米。

（2）松散固结岩类孔隙承压水

分布在定城的仙沟至龙州以北地区，面积56.10平方千米。岩类孔隙不发育，含水层厚度2.70~9.00米，埋藏深1.70~28.00米，水量贫乏，开采资源0.872万吨/日，0.031亿立方米每年。

（3）火山岩类裂隙孔洞水

分布在黄竹、龙门、岭口、龙河、金鸡岭一带，以及龙湖居丁、永丰的红土地区，面积360.50平方千米。天然地下水资源3.75亿立方米，0.555亿立方米/年。岭口鲁古井一带为更新世晚期火山岩区，裂隙，钻孔单位涌水15.285吨/日，水量丰富；龙门—白塘—黄竹一带为更新世中期火山岩区。早期火山岩红土盖和补给条件及汇水条件差的更新世晚期火口岩裸露区，钻孔单位涌水量11.50~78.30吨/日，泉水总平均值2.40升每秒，属中等水量区；金鸡岭地区，为更新世中期火山岩，除金鸡岭附近外，其余厚度较薄，大部分地区小于10米，钻孔单位涌水量总平均值24吨/日，水量较贫乏。

（4）基岩裂隙水

分布在东起龙湖的永丰地区，西至新竹，北自定城，南到中瑞农场，面积689.90平方千米。天然地下水资源1.85亿立方米，18.256万吨每日，0.664亿立方米每年。根据岩类成因与水文地质不同，分红层（局部层间）裂隙水，层状岩类（网层状）裂隙水，块状岩类（网状脉状）裂隙水等。

三、农村经济概况

中华人民共和国成立以来，全县的农村经济总收入、农村居民人均纯收入处于连续增长的趋势，特别是十一届三中全会以来，随着农村经济改革的不断深入和科学技术的普及与推广，全县的农村经济得到了较快发展。

据2015年定安县统计公报显示，全县生产总值实现75.15亿元，同比增长8.7%。其中，第一产业完成增加值28.89亿元，同比增长6.20%；第二产业完成增加值11.33亿元，同比增长11.60%；第三产业完成增加值34.93亿元，同比增长9.90%。

2015年全县农业总产值完成46.35亿元，同比增长6.10%，实现增加值28.89亿元，同比增长6.20%（不含农林牧渔服务业）。其中，种植业增加值16.79亿元，同比增长7.90%；林业增加值1.47万元，同比增长9.50%；牧业增加值9.95亿元，同比增长

4.20%；渔业增加值 6 775万元，同比下降 7.80%。

发展农村经济，增加农民收入，是安定县经济社会发展的重要问题。要坚持不懈地加强农业，全面繁荣农村经济，应做好以下几点：

（一）优化农业内部结构

以扩大优质品生产规模为重点，调整优化农业内部结构。农业内部结构调整必须以改善品种，提高优质品率为中心，逐步形成适应市场需求的高产、优质、高效热带农业的新格局。通过调整提高农产品的优质品率，使农产品的数量优势转化为质量优势和增收优势。

（二）优化农村产业结构

以推进乡镇企业的机制创新和技术创新为重点，调整优化农村产业结构，要继续把乡镇企业作为国民经济新的增长点和农村经济的主体来抓，实现体制创新和技术创新的突破。要大力发展股份制合作经济和个体私营经济，发展农产品深加工业，培育一批上规模的主导产业，调整乡镇企业出口产品结构，培育新的出口创汇产品，加快发展向外型乡镇企业。通过调整乡镇企业的产业结构，促进农民增收。

（三）优化城乡经济结构

以加快发展小城镇为重点，调整优化城乡经济结构。小城镇在带动农村二、三产业发展，促进农村产业结构优化升级方面有独特的作用。要重点突出现有城镇的规模扩张和质量提高，带动城乡经济结构调整，吸引更多的农民进城从事二、三产业，开拓就业门路，增加农民收入。

（四）优化农村劳动力结构

以提高非农劳动力比重为重点，调整优化农村劳动力结构。农村劳动力结构调整，应当挖掘内部转移潜力，开拓外部转移渠道，优化总体技术结构，拓展农村劳动力就业，稳定提高非农劳动力的比重，促进农村劳动力向非农产业转移，从非农产业中增加农民收入。

（五）优化农村区域经济结构

以搞好农业合理布局为重点，调整优化农村区域经济结构。对新一轮农业结构调整，应当加强分类指导，优化区域布局，形成区域特色。要从各镇的区位优势、自然条件和传统习惯出发，将缺乏比较优势的种植面积退出生产。使当地的资源优势和有效的市场需求紧密结合起来，形成符合经济规律和自然规律的区域布局。在重要农产品商品生产基地，建设发展园艺产业和大力发展冬季瓜菜订单农业；在旅游区和大中型水库区，要大力发展旅游观光农业；主动适应市场变化，大力发展出口创汇农业，推进外向型农业发展，确保农民收入增长。

要继续坚持以经济开发为主的扶贫方针，认真落实扶贫攻坚计划，充分利用贫困地区的自然资源优势发展经济，变资源优势为经济优势，加快脱贫致富步伐。要实现全县基本脱贫的目标。

第三节　农业生产概况

一、农业发展历史

据考证，海南岛的原始农业起源于距今约 3 000 多年前新石器时代晚期。古人在河流中下游开展渔猎、耕作活动。近年来在三亚、东方、昌江、琼中等古遗址出土的工具中有石斧、石凿、石矛、石犁等。古人用这些工具砍伐森林，开发利用土地，开始了锄耕农业。种稻是原始农业的重要部分，海南岛是中国栽培稻种的起源地之一。

定安县历史上农业因水利设施差，农业生产技术落后，粮食产量较低；1950 年后兴修水利，推广科学种田，扩大种植面积，粮食大幅度增产。1952—1953 年全县开展土地改革后，农民获得了新的土地所有权，生产积极性空前高涨。1953—1957 年，全县农民相继组织互助组，成立初级、高级农业合作社，使个体经济变为集体经济，土地、农具等生产资料演变为集体所有，农业生产形势一派大好，农副业生产全面丰收，农民生活大为改善。1958—1960 年，土地等农业生产资料全部归公，按劳动工分分配。1961 年以后，实行了国民经济大调整，分给农民少量的自留地，开放农贸市场，农业生产得以迅速恢复，农民生活逐渐好转，1965—1966 年是定安县农业经济较好时期。1966 年开始农业生产停滞不前。1979 年后，农业从原来的"以粮为纲"向多种经营发展，耕种面积显著扩大；1982—1983 年，全县农村落实家庭联产承包责任制，以及杂优水稻良种的推广普及，粮食产量显著增长，粮食实现自给并有余粮，农村经济稳定发展；进入 20 世纪 90 年代，以农业效益为中心，逐步向高效农业、生态农业和以市场为主导的可持续发展的农业发展。

在农业生产方面：粮食作物以水稻、甘薯为主，经济作物有糖蔗、花生、大豆、木薯、蔬菜类等，热带作物主要有橡胶、椰子、荔枝、龙眼、胡椒、槟榔、菠萝等。由于生产条件不同，北部地区以发展淡水养殖和瓜菜生产为主，南部地区重点发展热作和南药生产。自 20 世纪 90 年代以来，农业结构进行大调整，农作从原来的二元结构（粮食作物、经济作物）向三元结构（粮食作物、经济作物、饲料作物）转化，低效益的粗放型农业向高效益的精细型农业转化，传统落后的小农业向现代大农业转化，农业产业结构日趋合理。

在科学技术方面：新中国成立以来，一是先后引进推广水稻、糖蔗、花生、水果等优良品种，其中杂优水稻、糖蔗和花生良种的推广种植，取得了显著的效果，根本改变了种植业落后的状况；二是以定安县农业科学研究所（以下简称定安农科所）和农业战线生产基地为阵地，大搞农业高产试验，把先进的农业实用技术向全县推广；三是进行耕作制度改革，实行水旱轮作和三熟轮作制，尤其是冬季农业主要是以瓜菜生产为主，力争提高单位面积产量和产值；四是做好农业规划，主要应用 1985 年农业综合区划的三大农业气候区，切实有效地指导全县农业生产；五是按照现代农业要求，大力发展畜牧业、渔业、林业，以实现生态大农业综合发展。

二、农业发展现状

改革开放以来，定安县农田水利基本建设取得较大成绩，使生产条件有较大的改善。在稳定粮食生产的基础上，结合农业结构调整，积极发展冬季瓜菜生产及热带经济作物生产，因地制宜，合理调整作物布局，宜农则农，宜牧则牧，宜果则果，宜菜则菜，宜渔则渔，宜林则林。

（一）定安粮食作物发展

1. 水　　稻

水稻是定安县主要粮食作物，种植历史悠久，自元朝置县以来，官府征收土地赋税都以米（谷）计收。定安县的水稻生产在海南岛居有重要的历史地位，1932 年谭仲的《琼崖岛五县调查》报告，除定安米粮自给外，其余乐会、文昌等县约有三至五成不能自给。1935 年广东省农林局、统计局对全岛 13 个县的调查，其中定安、崖县、澄迈、陵水、乐会、海口 6 市县米粮富有（当时吃杂粮较多，平均每人每年有 100 多千克稻谷就算富裕），其余各县均缺粮。余粮最多者为定安，有 20 多万担。崖县、陵水、澄迈有 2 万~8 万担。2015 年全县水稻种植面积 291 291 亩，总产量 101 063.2 吨，平均亩产 347 千克。

（1）品种改良

● 常规品种

民国初期，定安县种植水稻常规品种，早造以谷黄（白青）、干播"杂仔"种（红米和白米）为主，晚造以秋其、逻占为主；日军侵琼时期有粳稻"蓬来"种。1950 年以后，引进推广的良种，早造有白米粉、广场 13 号、广白、矮仔外、矮仔占、南特矮、南特占、广场矮、珍珠矮、桂朝、三二矮、珍桂、三黄占、桂毕、七桂早、双桂，以及科字 6 号、17 号等 10 多个品种；晚造有溪南矮、十石歉、木全、木钦、晚华矮、澄秋 5 号、灵木矮、苞胎矮、飞苞矮（定安县农科所余健世选育）等 20 多个品种。此外，还有糯稻。20 世纪 70 年代前，糯稻属晚造品种称秋其糯，至 20 世纪 80 年代后，以早造感温型品种为主，早晚两造均可种植。

这些品种的改良推广更换的特点：由原来农家品种，如谷黄、逻占，高秆（130 厘米左右）迟熟（140~150 天），易倒伏低产，向矮秆型或中秆型（90 厘米左右），中熟（135 天）高产更换，米质也逐渐提高。

在推广品种过程中，也有过教训，20 世纪 50 年代末至 60 年代初，大力推广北粳南移，种植粳稻，加上高度密植，高肥管理等造成稻瘟，减产损失较大。20 世纪 70 年代大面积推广种植 R24，该品种早造产量较高，晚造大面积种植遭稻纵卷叶螟危害成灾减产较大，同时米质黏性大，不适合本地人口味，只好喂鸭，农民称之为"鸭噜 24"。因此，良种推广工作，必须坚持"试验、示范、评比、鉴定"的科学原则，不能盲目性实施。

- 杂交稻推广

定安县杂交水稻常称为"杂优"稻，于 1982 年早造开始推广，全县共 850 亩，最多在定城镇潭黎村春内肚试种汕优 6 号示范田，种植面积 116 亩，平均亩产量 442 千克，比常规品种桂朝 2 号增产 100 多千克，最高的亩产 557 千克。县委、县政府召开全县农村三级干部现场观摩会，要求全县各地大力推广"杂优"稻。当年晚造种植汕优 6 号 1 306 亩，平均亩产 349.60 千克，比当家的常规品种飞苞增产 75~150 千克，其中亩产超千斤的面积 11.40 亩，高产的达 559.70 千克。在定安县水稻生产史上，第一次真正突破亩产超千斤水平。1988 年从广西博白县引进适合晚造种植的杂优新组合博优 64 号，当时只引进 2.50 千克种子，首先分别在定城镇龙州农技站、龙河镇农技站试种 1.60 亩，效果较好。次年由县种子公司购调博优种子 1 780 千克，在全县分点推广种植，共种博优 1 000 多亩，其中博优 64 号面积 522 亩，主要在岭口的楼坡洋和定城的潭黎村委会春内肚种植，由于高产且米质较好，逐年晚造推广种植。至 1990 年晚造种植面积达 42 000 亩，其中在 6 448 亩高产示范田中，出现一批亩产超千斤的典型田块。1992 年晚造博优 64 号面积达 138 700 亩，占插秧面积 72%。据收获统计，平均亩产量 303 千克，比常规品种飞苞每亩增产 106 千克，是年，稻谷总产量达 82 147 吨，创历史最高水平。

- 杂交稻制种

1976 年，定安县农业技术部门第一次进行制种生产，全县各农技站都进行汕优 6 号制种，少则 30~40 亩，多则 100 多亩，平均亩产约 20~30 千克。第二次于 1992 年，在龙湖镇陈村和新竹镇祖坡村两个点制博优 64 号种子共 479 亩，平均亩产 190 千克，收获 91.01 吨。连续 3 年县内制种，平均亩产 175~200 千克，与三亚地区专业制种产量相近，制种技术基本过关。

2. 甘 薯

甘薯又称番薯，是一种适应性广，不易受自然灾害影响的稳产高产作物，是定安县的主要旱粮、杂粮。20 世纪 80 年代以前，多数农村以甘薯作为口粮补充，有"番薯半年粮"之称。在水稻遭受自然灾害稻谷紧缺时，甘薯则成为主要粮食来解决饥荒。它不但是人之粮食，也是家养畜禽主要饲料，还可酿酒，加工淀粉。甘薯种植在全县农业生产中占有一定位置，常年甘薯的播种面积 10 万亩左右，占粮食作物播种面积的 20% 以上，年总产 2.50 万吨。20 世纪 90 年代达到 5 万吨以上，1995 年达 6.40 万吨（历年最高），1996 年产量 5.40 万吨（按统计标准 5 千克薯折 1 千克谷计，等于 10 800 吨稻谷），占粮食总产 15% 左右。2015 年播种面积 5.808 8万亩，总产量 1.362 4万吨。

（1）生产情况

定安县甘薯生产主要季节是秋冬两季，冬薯和秋薯面积几乎对半，冬种比秋种略大（为统计方便，冬种春收，所以冬种面积包括晚秋薯）。

1949 年，全年种薯面积 101 698亩，亩产 200 千克，总产 20 339吨。

1950—1959 年，每年种植面积 94 000~178 674亩，其中 1955 年为最高年度，达 178 674亩，亩产 315 千克，总产达 56 282吨。从 1964 年起种植面积有所下降。1969 年，种植面积 91 867亩，亩产 255 千克，总产 23 426吨。1970 年，种植面积增加到 124 398亩，亩产达 307 千克，总产为 38 190吨。1979 年种植面积减少到 92 358亩，亩产量 294 千克，总产 27 153吨。

1980—1989 年，每年种植面积 77 613~88 113亩，亩产年均 300 千克左右，总产年均 27 500吨。1990 年，种植面积 78 590亩，亩产 655 千克，总产为 51 476吨。1996 年种植面积为 87 165亩，亩产达 622 千克，总产达 54 220吨。2015 年插种面积 58 088亩，总产量 13 624吨。

（2）品种

1950 年前有无根闲（结薯多，白皮白肉，粉多而实，圆形）、南风碰（粉多松口，肉细味甘，紫皮白肉，薯小而长，蔓长而细有茸毛，茎和叶柄紫红色）、海北柑（薯形圆而略扁，皮红肉黄色，略粉，味甜）、长年碰（粉多，味甘，皮红肉白，薯仿榧形）、三角拧。20 世纪 50 年代除以上品种外，先推广飞机铁（叶三叉、茎蔓紫色，株形不大蔓短丛生，品质较好），后期还有洋岛葱（产量高，早生，白薯质差）、白肚面（红皮，肉白，味甜而粉，薯圆，迟熟），少量种植乌骨企龙、白骨企龙。20 世纪 60 年代以后有新的良种推广，如红心沙涝越、川农、松涛薯、黑心肝、鸟咬落、湛江红、湛江白、北柑二等共 20 多个品种。

（3）重要产区分布

定安县各地均有种植，沙土地区较多，红土地区较少，以定城种植面积最大，常年有 1.3 万亩左右，雷鸣 1.1 万亩左右，龙门 1 万亩左右。这 3 个镇甘薯面积占全县甘薯总面积 60% 左右，且产量也比较高，其次是新竹。甘薯在全县一年四季可种，春种面积较小约 1 万多亩，产量较低。夏种主要为秋种培育薯苗，面积也不大。秋种主要在坡地，因秋季雨水较多，产量也高，种植面积有 2 万多亩，是甘薯种植主要季节，一般在 8 月种植，11—12月收获。冬种（含晚秋种）主要在水田，种植面积常年都在1万多亩。

（二）定安蔬菜的发展

新中国成立前，定安县蔬菜品种比较单调，加上栽培技术落后，菜市有明显的冬春旺夏秋淡的季节性现象，农民均种植瓜菜，主要自种自给，剩余的才挑上市销售，全县年均上市销售量1 000吨左右。1950—1957年，蔬菜生产主要分布在各墟镇郊区，以定城镇郊种植较多，是蔬菜主产区，当时种植的蔬菜种类不多，如白菜、坡芹、水芹、菠菜、椰子菜、茼蒿菜、葱、蒜、韭菜、茄子、豆角、荷兰豆等。全县种菜面积约5 000亩，年总产约2 000吨，上市销售量年均约1 500吨。1958年，农村成立高级农业生产合作社继而公社化后，瓜菜的种植开始以集体生产为主，农民自留地种植为辅，年总产约2 200吨，上市销售量约1 700吨。1963年，定安县果菜副食公司成立后，为了平抑和主导瓜菜市场价格，该公司曾经在山椒大队等村庄设立瓜菜生产基地，全部收购生产基地生产的瓜菜，但购销量不大。瓜菜市场销售仍以基地以外的生产小队产品为主。20世纪60年代中后期，潮汕农民顾问引进外地一些蔬菜品种来种植，互相传播。20世纪70年代，政府部门抓外贸瓜菜生产，由供销部门统一购种子，分配到农村生产队种植，外贸部门组织收购，出口中国香港为主，品种增加，有圆椒、节瓜等，种植面积也扩大起来。20世纪80年代后，受外贸瓜菜生产的影响，又增加尖椒和黄瓜生产，还产生了一批个体菜商（贩）和菜客。1961—1986年，全县年蔬菜种植面积11 000～20 000亩，总产3 500～6 500吨，其中以冬种外贸节瓜、苦瓜、圆椒的比例较大。1987—1993年，蔬菜面积增加到31 000～48 000亩，总产12 000～24 000吨。20世纪90年代后，蔬菜生产面积较大的有定城、雷鸣、新竹、龙门、龙河、龙湖等镇，其中雷鸣镇5 000～16 000亩，定城镇28 000～31 000亩，新竹镇8 000多亩，龙门、龙河、龙湖镇均有4 500～6 000亩。1994—1996年，由于菜商收购北调数量较大，蔬菜生产迅速发展，种植面积由1994年的68 500亩增加到1996年的87 900亩，总产由30 000吨增加到48 000吨。2015年全县蔬菜种植面积159 955.90亩，总产234 724.26吨。全县各镇种植冬季瓜菜现已形成连片基地，种植种类多样，尤以定城镇龙州洋种植面积较大。菜田全部采用起垄、地膜覆盖，合理排灌和育苗栽培等技术。冬季瓜菜主要销往内地北京、上海、武汉等大城市，种菜比种粮经济效益高，大大地增加农民的经济收入。

1. 瓜　类

苦瓜：为夏季良菜，肉质爽脆，味苦、甘凉，炒或煮汤均可。有大顶苦瓜、长身苦瓜、新会苦瓜、江门苦瓜等4个品种。发展外贸瓜后，以冬种春收为旺，四季可种。定安县种植苦瓜历史悠久，全县各地均有种植，尤以镇郊农村和雷鸣、龙湖等镇大量种植，产品远销内陆各省市。2015年全县种植苦瓜约6 000多亩，总产10 000多吨，主要销往内陆各大城市，价格高，效益好。

丝瓜：品种有本地丝瓜和宜北良种双青丝瓜、泰国青皮丝瓜。本地丝瓜形状较短小，约 30 厘米，而双青和青皮丝瓜则长达 0.50~1.00 米，皮色深绿。本地丝瓜历来都有种植，外来良种是 20 世纪 80 年代以后才大面积种植，以定城、龙湖、雷鸣、富文等地种植较多。2015 年全县种植 5 500 多亩，总产 13 000 多吨，主要远销内陆。

节瓜：有青皮节瓜和黑皮节瓜两种。冬种春季上市，耐寒、产量高、品质好，瓜生茸毛，又称毛瓜。从 20 世纪 70 年代起开始引种，20 世纪 90 年代大量种植，产品远销内陆各地。以定城、新竹、龙湖、雷鸣等地种植较多。2015 年全县种植 6 600 多亩，总产 16 000 多吨。

黄瓜：也称青瓜，分有刺和无刺两种。20 世纪 90 年代以来北部定城、雷鸣、龙湖等地种植较多，南部地区较少。有刺黄瓜远销省内外各地，品质上乘。2015 年，全县种植面积 6 100 多亩，总产约 15 000 吨。

冬瓜：有白粉冬瓜和青皮冬瓜。最早种白粉冬瓜，青皮冬瓜 20 世纪 90 年代才引进，冬春季均可种植。白粉冬瓜可供应夏秋市场，补充淡市，历来全县各地农村都有种植。20 世纪 90 年代后县北地区种植青皮冬瓜较多，产品远销内陆各地。2015 年全县种植面积约 4 100 亩，总产近 18 000 吨。

葫芦瓜（蒲瓜）：有长形的角葫瓜、短大形缩脖的"土炉"葫瓜。以冬种为主，从 20 世纪 80 年代起四季皆有上市。县北部、中部地区各乡镇普遍种植，南部地区极少。20 世纪 90 年代以来引种的小角葫瓜远销各地。2015 年全县约种植 1 300 亩，总产 3 000 多吨。

南瓜：有黄皮南瓜、青皮南瓜和外贸枕头南瓜。20 世纪 90 年代还引进状似葫芦的葫芦南瓜（当地人称济公瓜）和橙红色的日本小南瓜。南瓜是家常菜，又是养猪的好饲料，20 世纪 90 年代以来南瓜嫩茎叶还成为城镇居民和饭馆酒楼的美食菜肴。全县农村普遍种植南瓜，2015 年全县种植面积 3 700 多亩，总产 5 000 多吨。

甜瓜：有黄皮和青皮两种，以青皮为多。龙湖、定城、雷鸣、新竹等地普遍种植，一般亩产 1 979 千克。2015 年，全县种植约 507 亩，总产约 1 003 吨。

木瓜：又叫番椰瓜，果菜两用，雌雄异株，果实含大量蛋白质分解酵母素，可作消化剂用。本地品种有园形木瓜，也有良种红肉木瓜。本地木瓜抗病强，砍掉主干后分枝可结果，生果时间长，20 世纪 90 年代后极少种植，代之以良种红肉木瓜。该品种结果早，果大且长，但易感染花叶病（缩顶枯黄的病毒病），株型矮，仅零星种植。

2. 豆　　类

有豆角、青豆、秋豆、白豆仔、金马白豆、金山白豆、乌奎豆、四季豆（白玉豆）、荷兰豆（豌豆）9 个品种，其中本地豆角、青豆、秋豆、白豆仔全县各地都有种植，金马白豆、金山白豆和乌奎豆、四季豆、荷兰豆县北和中部地区种植较多。2015 年全县种植豆类估计达 2 万亩以上，总产 3 万多吨。

3. 葱蒜类

大葱：全县各地都有栽培，尤以城郊镇郊农村种植较多。大葱除了食用，还有消肿去瘀、驱风消滞的功能。1996 年种植面积约有 1 000 亩，年产约 250 吨。

大蒜：全县各地农村都有种植，尤以城郊镇郊为多。1996 年全县种植约 2 000 亩左右，总产约 900 吨。

韭菜：俗名九菜，全县各地农村普遍种植，但面积不大，以城郊镇郊较多。除了食用也有药用，能消肿去瘀，行气平喘，还有提神作用。1996 年全县种植约 800 亩，总产约 200 吨。

薤头：也称荞菜，俗名老荞、六荞、荞头，在县北部、中部农村普遍栽培，尤以定城、雷鸣等地较多。1996 年全县种植面积约 700 亩，总产约 150 吨。

珍珠葱：鳞茎白色，圆形，珍珠般大小，故名珍珠葱。珍珠葱鳞茎（葱头）炒鸡肉炒菜味道奇香，是极佳菜肴。20 世纪 70 年代前，龙河、龙门地区有少数农户种植，20 世纪 80 年代后极少见。

4. 芥菜类

芥菜有大芥菜（牛心菜）、割叶芥菜（牛耳菜）、长叶芥菜等品种，是最常食的蔬菜，富含维生素，食必不可少。全县各地农村均有种植，尤以城镇近郊较多。1996 年全县种植面积约 800 亩，总产约 1 200 吨。

5. 白菜类

白菜有菜心、大白菜、小白菜（土匙白）、卷心白、冬至白、芙蓉白等品种，全县各地都有种植，以定城、雷鸣、龙湖等地较多。1996 年，全县种植面积约有 1 000 多亩，总产约 1 500 吨。菜心也称青骨菜，1996 年，全县种植面积约 900 亩，总产约 1 106 吨。

6. 芥蓝类

有椰子菜、芥蓝心、芥蓝花等品种。以椰子菜种植最多，产量高，亩产可达 1～2 吨，芥蓝心和芥蓝花数量较少。1996 年，全县种植椰子菜面积约 700 亩，总产 1 000 吨；种植芥蓝心和芥蓝花约 200 亩，总产约 150 吨。

7. 绿叶菜类

有菠菜、苋菜、油菜、茼蒿（蓬埠菜）、蕹菜（空心菜）、芹菜（坡芹、水芹）、西洋菜。民国时期定城南珠村种植水芹、蕹菜较多，尤以水芹，在春节期间，农民挑到旧州、定城的仙沟、龙湖、雷鸣等地销售，各地菜商也来采购转销他地。20 世纪 80 年代以来，全县各地都有种植，其中龙河旧村的水芹较好。1996 年全县种植上述绿叶菜类约 1 500 多亩，总产约 1 000 吨以上。

8. 茄　类

有小番茄和茄子等。茄子年均种植面积约 4 000 多亩，全县均有种植。小番茄种植面积约 6 000 多亩，种植于定城镇龙州洋。2015 年茄类种植面积约 1.1 万亩，总产约 2.5 万吨，远销大陆各地。

9. 辣　　椒

有圆椒、线椒、泡椒、鸡爪椒、螺丝椒、青皮尖椒、黄皮尖椒、红尖椒等品种。2015 年全县种植面积约 4.50 万亩，总产约 10 万吨，远销内陆各地。

10. 萝　　卜

以雷鸣和龙门种植萝卜面积较大，加工的咸萝卜久负盛名。雷鸣的萝卜干具有味香质实而甜口等特点，龙门的咸萝卜味咸而香脆，过去销于琼海较多，此外还制成萝卜丝、萝卜片干，供应淡季菜市。1996 年全县种植面积 1 000 多亩，总产约 700 多吨。

11. 竹　　笋

定安县竹笋有刺竹、麻竹、玉兰竹笋 3 种，为初出土幼茎。定安县的竹笋只有上面所述的 3 种可以食用，其他竹笋不可食。野生刺竹，多为村边繁殖，麻竹和玉兰竹为人工种植，以种植玉兰竹较多。20 世纪 90 年代后成片种植，已形成一定的规模，产量和效益可观。县北地区和农场种植较多。1996 年，全县玉兰竹种植面积近 2 000 亩，总产约 2 500 吨。

（三）定安县水果的发展

定安县的果树有人工种植的，也有野生的。人工种植的果树分为木本和草本两类，木本类有荔枝、龙眼、菠萝蜜、芒果、石榴、杨桃、黄皮、椰子、白榄、桃子、柚子、橙、橘子、番荔枝、葡萄、木瓜等；草本类有菠萝、西瓜、柿梨瓜（金瓜）、香瓜、香蕉（牙蕉）、粉蕉（蛋蕉）等。野生木本果树有山竹、杨梅（坡梅）、油甘子、桃金娘（俗称大尼或山棯、岗棯）等，草本类有野生巴蕉（牛蕉）等。2015 年底全县水果实有面积 62 406.9 亩，当年收获面积 49 889.0 亩，总产 71 682.5 吨。

1. 荔　　枝

1990 年前主要分布在龙河、龙门、岭口、翰林等南部石土地区，多属实生树和野生树，树干高大，其果小、核大、味酸者多，果大质优者少。大都在荒山荒坡，房前屋后，园边地角生长，零星分布。1949 年全县 1 420 亩，总产 234 吨。1965 年 1 000 亩。1985 年约 2 000 亩，总产 200 多吨。

由于没有引进新品种，加上病虫害（主要是荔枝椿象），到 20 世纪 80 年代后期，全县的荔枝就很少挂果，产量低。

1990 年后，全县掀起种植热带果树热潮，芽接良种荔枝的种植得到迅速发展，除龙湖永丰大面积种植外，龙湖居丁、富文、龙门、黄竹（含南海农场）、定城的龙州地区也开始规模种植，主要品种有妃子笑、三月红、海垦 4 号、白糖樱等，树干虽然矮小，但结果比野生树多，味香甜。1996 年全县荔枝总面积达 5 505 亩，其中 1990 年后新种植面积 3 114 亩。由于管理技术不普及，新种植荔枝挂果不够理想，1996 年仅收获 960 亩，总产约 481 吨。2015 年全县荔枝面积 25 725 亩，收获面积 24 480 亩，总产 20 182 吨，主要分布在龙门、黄竹、龙湖、岭口等镇。

2. 龙　眼

1990 年以前，全县的龙眼多属实生树和野生树，果粒较小，品质较差，质优少者，主要分布在龙河、岭口、龙门、翰林等南部石土地区，随地生长，没有形成规模。1949 年全县有 1 902 亩，总产 164 吨。1965 年 10 00 多亩；1985 年约 2 000 亩，总产约 200 吨。

1990 年以后，全县进行产业结构调整，开始引进泰国和福建等地的优良品种，如储良、石硖芽接苗，以龙湖永丰种植面积最多，达 1 532 亩，成为颇具规模的果园。此外，龙湖、富文、黄竹等镇均有小面积或零星种植。1996 年全县种植龙眼总面积达 4 335 亩，其中当年新种 1 425 亩，收获 360 亩，总产 112 吨。2015 年全县有龙眼面积 2 749 亩，收获面积 2 195 亩，总产 891 吨，主要分布在翰林、龙门、龙河、龙湖等镇。

3. 芒　果

20 世纪 90 年代以前，仅有零星芒果树在房前屋后生长，全县约 6 亩，收果总产 1 吨。1992 年才开始较大面积的种植，除红卫农场规模种植 250 亩外，龙湖、岭口、富文等镇也有小面积或零星种植。主要品种为象牙芒，采用芽接苗，植后 3 年可收果。1993 年全县种植 313 亩，1996 年达 570 亩，收获 135 亩，总产 88 吨。2015 年全县有芒果面积 425 亩，收获面积 389 亩，总产 441.3 吨，主要分布在龙湖、定城、龙门、龙河等镇。

4. 杨　桃

20 世纪 90 年代前，定安县定城镇潭黎村的潭马坡种植本地杨桃品种较多，以质味甘甜出名，大多在村中庭前院后种植，没有形成连片规模。1995 年海南省汤谷经济技术有限公司，在龙门镇经济农场（大山）兴建南国庄园，连片种植 120 亩良种杨桃——香蜜杨桃，1996 年挂果收益。2015 年杨桃面积 976 亩，收获面积 844 亩，产量 893 吨，主要分布在龙门、龙河等镇和南海农场。

5. 柑桔橙柚

县南部山林地夹杂生有"金橘"，非人工种植，个别农户种 1~2 株橙树。20 世纪 80 年代后，从广东各地运来盆橘较多。1984 年前全县有柑橘类 60 多亩。1985 年栽种橙树 175 亩，其中龙湖的永丰地区 108 亩。1987—1993 年全县种植红江橙约 500 亩，其中永丰 340 亩，总产 700 吨，1994—1995 年达 1 170 亩，至 1996 年减为 739 亩，其中永丰 599 亩。3 个国营农场曾先后种植柑橙 154 亩，1996 年中瑞农场有 68 亩，产果 51 吨。2015 年有 1 186 亩，收获面积 851 亩，产果 1 401 吨，主要分布在龙湖、龙门、富文、翰林、黄竹等镇和中瑞农场。

6. 菠萝蜜

俗称包蜜，为桑科乔木，果肉厚，气味香甜，种子（果仁）富含淀粉。菠萝蜜果有干包和湿包两种，干包果肉味香甜脆，湿包果肉味香甜软滑，以干包好吃可口。全县各地农村屋边、村边、园边零散种植，没有形成果园规模，以龙门、龙河、翰林、岭口、黄竹镇和龙湖的永丰地区较多。1996 年，全县菠萝蜜树约 150 亩，总产约 450 吨。

7. 黄　皮

俗称油皮，是定安县内常见的水果。全县各地农村房前屋后、村边、园边都种植或自生，以东南部地区的龙河、翰林、岭口、龙门、黄竹镇和龙湖的永丰地区较多，但都没有形成果园的规模。黄皮果分甘皮和苦皮两种，甘皮果皮甘肉酸甜可口，苦皮果皮有苦味肉甜微酸可口，以甘皮果为上乘。1996 年，全县黄皮树约 110 亩，总产约 22 吨。

8. 石榴（含珍珠石榴）

全县各地农村都有种植，过去都是在房前屋后、庭院、园边零星栽种。20 世纪 90 年代以来全县各地大量种植，形成小规模的石榴园或连片的石榴基地，石榴果产量增加，大量供应市场。品种有本地石榴、泰国石榴和台湾珍珠石榴。本地石榴有红肉和白肉两种，果甜味美质软可口，是石榴佳品；台湾珍珠石榴果大肉白质脆，但比不上本地石榴可口。1996 年，全县约有石榴 125 亩，总产约 65 吨；南海农场 132 亩，总产 57 吨。2015 年全县有石榴 1 841 亩，当年收获面积 1 751 亩，总产 2 300 吨，主要分布在龙门、新竹等镇。

9. 菠　萝

定安县内主要有巴厘种和沙拉瓦种。巴厘种由文昌新昌乡华侨于 1922 年自爪哇巴厘埠引入，沙拉瓦种于 1927 年由文昌县蓬莱乡华侨引入。菠萝一般在 5—8 月种植，植后 18 个月开始挂果，收获期为 3 年，亩种 2 200～2 500 株，亩产约 0.70 吨。

1949 年，全县种植 61 亩，总产 13 吨。20 世纪 50 年代，菠萝种植主要分布在黄竹和龙门，1959 年 160 亩。80 年代以来龙湖永丰、金鸡岭农场大面积种植，永丰的菠萝品质脆甜少渣，全县闻名。1988 年富文、龙河、雷鸣镇和定城的龙州发展势头较好，全县种植面积达 11 452 亩。1989 年南海农场职工种植菠萝达 929 亩，产量 342 吨，后来由于销路不好，价格低，群众种植菠萝的积极性减退。1991 年全县存 3 000 亩，到 1996 年仅存 2 370 亩，其中当年新种 900 亩，收获 1 380 亩，总产 1 092 吨。2015 年有菠萝 7 794 亩，产量 16 300 吨，以龙湖和龙门镇最多。

10. 香蕉（包括粉蕉）

1985 年前，全县没有大面积的蕉林，只有零星种植。1949 年有 527 亩，总产 147 吨；后逐渐发展到 1959 年 966 亩，总产 203 吨；1960—1967 年增加到 1 400 亩，总产 340 吨；1969 年后面积逐渐减少，至 1984 年只有 500 亩；1985 年，县农业局从广西购进香蕉苗 57 000 株，分别在龙河、岭口、龙门、龙湖等地的荒山沟边开垦种植 440 亩，其中种植比较好的是龙湖镇云头岭村蔡成国专业户，种香蕉 20 亩，平均每株果重 15 千克，亩产 1 250～1 500 千克，亩产值约 2 000 元。此后，全县香蕉种植面积年均 1 500～2 000

亩，多为优良的试管蕉苗（组培苗）种植，3个国营农场职工也先后种植试管香蕉，南海农场1994年210亩，总产1 460吨，金鸡岭农场和中瑞农场1996年965亩，总产599吨。2015年全县香蕉面积6 889亩，产量18 231吨，以龙门、龙湖镇最多。

（四）定安县热带作物的发展

1. 橡　胶

大戟科植物，原称巴西橡胶树或三叶橡胶树，在海南最先由乐会华侨何麟书于清光绪三十二年（1906年）引种。定安县于1936年由福建南洋华侨富华垦殖公司引进在翰林地区创办富华农场种植。解放后，全县国营橡胶发展很快，1952年中瑞农场种植11 300亩，1986年达到54 531亩，1996年开割39 203亩，总产2 480吨。南海农场1963年开始种胶93亩，1986年达到24 815亩，1970年开割85亩，总产0.70吨，1996年开割19 910亩，总产855吨。金鸡岭农场1970年开始种胶3 923亩，1979年开割25亩，总产0.90吨，1986年达到30 004亩，1996年开割22 684亩，总产1 143吨。热作所成立后开始植胶，1982年有橡胶596亩，1996年达1 114亩，开割928亩，总产36吨。全县民营橡胶发展较慢，20世纪五六十年代初，种植面积少，而且产量低。20世纪60年代末，主要分布在红卫农场、岭口枫坡场、龙门热作场、东方红农场。1969年前，定安县民营橡胶，品种混杂，实生树多，产量低。20世纪70年代初，民营橡胶品种在"两院"及国营农场的帮助与扶持下，推广普及无性系芽接优良品种，先后引进和推广GT、RR/M600、PR107等优良品种。1980—1992年是全县民营橡胶迅速发展时期，新种植的多为RR/M600、PR107两个优良品种，海垦193-114、热研88-13优良品种也有少量种植。主要分布在岭口、翰林、龙门、龙湖、黄竹等镇农场和地方国营农场，其他镇都有小面积或零星种植。

2015年，全县橡胶种植面积达到272 607亩，收获面积191 842亩，总产干胶12 239吨，其中国营橡胶88 354亩，收获67 617亩，总产干胶2 255吨；民营橡胶184 253亩，收获124 225亩，总产干胶9 984吨。全县各镇和三大国营农场均植胶较多。

定安县的橡胶加工产品有烟片胶和颗粒标准胶。1985年以前，全县农村只有烟片加工，共有6个中型烟片胶熏灶，分布在龙河、翰林、岭口、龙门、黄竹、龙湖等镇，年加工量400~500吨。1985年，全县第一家民营标准橡胶加工厂在地方国营东方红农场建成投产，胶厂为内设企业，对外加工，年加工量只有50吨，产品有5号标准胶和10号标准胶。当年仍有中、小型烟胶片熏灶25个，分布在龙河、翰林、岭口、龙门、黄竹、龙湖等镇，年加工量约400吨。翌年，县的第二家民营标准橡胶加工厂——龙门热作场胶厂建成投产，胶厂为内设企业，无对外加工，年加工量为90吨，产品有5号标准胶和10号标准胶。同年，全县中、小型烟片胶熏灶增加到30家，年加工量增加到550吨。1989年，另一家民营标准胶加工厂——岭口热作场胶厂建成投产，该厂为内设企业，无对外加工，年加工量为 60 吨。当年全县有中、小型烟片胶熏灶 33 家，年加工烟片胶 600 吨。1991 年，由县热作产品供销公司和翰林镇政府集资在翰林镇加露岭建成一座民营标准橡胶加工厂，加工全县橡胶种植个体户的胶料，年加工量为 500 吨，产品为 5 号标准胶和 10 号标准胶。由于标准胶加工量增大，烟片胶产量相对减少，同年全县乡镇共有中、小型烟片胶熏灶 24 个，年加工量 300 吨。1996 年，全县共有标准胶加工厂 5 家，个体民营烟片胶熏灶 24 家，年生产标准胶 1 650 吨，烟片胶 350 吨。在橡胶加工业中，标准胶已占主导地位。3 个国营农场已分别在 1977、1986、1996 年新建、改建 3 座日产能力共 38 吨颗粒标准胶厂，全部生产标准胶。

2. 胡　　椒

20 世纪 50 年代末期，胡椒传入定安县，在境内零星种植。胡椒的经济价值较高，植后 3~4 年可收获，但种植投入成本高，技术要求高，加上市场价值不稳定，农民不敢大面积种植。1978 年前只有部分生产队种植。1980—1986 年，农民在各自的承包地里种植逐渐增多，主要分布在龙湖镇、龙门镇、岭口镇、富文镇、红卫农场。南海农场 1964 年开始种植胡椒，1971 年达 403 亩，总产干胡椒 9.50 吨。中瑞农场 1981 年开始种植胡椒，1994 年达 465 亩，总产干胡椒 28 吨。金鸡岭农场 1972 年开始种植胡椒，1989 年达 100 亩。热作所 1991 年种植胡椒 60 亩，1995 年开始收获，总产 3 吨。1990 年胡椒价格下降到最低价 6.40 元每千克。近几年价格逐渐上涨，胡椒生产迅速发展。2015 年，全县种植胡椒总面积 19 108 亩，当年收获 17 971 亩，总产 2 585 吨。全县 10 个镇和三大国营农场均种植胡椒，以中瑞农场、龙门、龙河、岭口、翰林、富文镇面积较大。

定安县的胡椒加工比较落后，没有加工厂。胡椒果经简单加工出售，产品有白胡椒、黑胡椒、胡椒粉。白胡椒是由熟胡椒果浸水去皮晒干而成，黑胡椒是青胡椒果直接晒干而成，白胡椒粉是白胡椒辗碎而成。全县每年胡椒产品大部分销往外地，少量在县内销售。

3. 椰　　子

定安县种植椰子有 800 多年历史，主要分布在定城、翰林、龙湖、富文、黄竹、雷鸣等镇，其他镇也有零星种植。"三场一所"也先后种植绿化美化环境。

全县种植的椰子多为本地种，管理较粗放，种后 8 年左右才挂果。种植成本较低，房前屋后，村边地角均可种植。椰子经济效益期长达 60~70 年，平均亩产椰果 1 200 个，产值 1 200 元，株单产 50 个左右。1996 年全县种植面积 6 890.20 亩，收获面积 4 775.20 亩，产量 298.77 万个，其中"三场一所"种植面积 1 502 亩，收获 1 317 亩，产量 10.67 万个；各镇种植面积 5 388.20 亩，收获 3 458.20 亩，产量 288.10 万个。2015 年全县种植面积 17 816 亩，收获面积 10 478 亩，产量 951.25 万个，其中各镇种植面积 16 672 亩，收获面积 9 404 亩，产量 919.75 万个。

4. 槟 榔

为中国四大南药之一，定安县种植槟榔有 500 多年历史，是传统的热带作物。清宣统二年（1910 年），全县种植槟榔 157 400 株。1949 年种植 720 亩，总产（干果）6 吨。20 世纪 50 年代末增加到 1 345 亩，总产 121 吨。1976 年达 3 000 亩左右，主要分布在龙河、岭口、翰林、龙门等石地镇。1977 年后，只砍掉老树做猪舍的桁条桷片，没有更新种植，槟榔数量减少，实存 1 000 多亩。20 世纪 80 年代后，打开了槟榔的销路，有从湖南来采购的，也有从本地运往湖南各地销售的，槟榔成为高效益的产品，富文、龙湖、黄竹、雷鸣等镇和 3 个国营农场也开始扩大种植面积。1994—1996 年系全县槟榔种植迅猛发展时期。

定安县种植的槟榔多为本地种，也有少量云南、泰国种。一般种植 6 年左右才能挂果，收获期可达 40~50 年。槟榔管理粗放，种植成本低，技术要求不高，全县各地都适合种植。槟榔是热作产业中 2010 年后发展最快的品种。1988 年全县总产量 66 吨。1996 年发展到连片上百亩的槟榔园 20 个，全县种植面积 11 990 亩，收获面积 3 828 亩，总产量 375.80 吨；其中 3 个国营农场种植面积 1 242 亩，收获 891 亩，产量 101 吨。2015 年全县种植面积 123 313 亩，收获面积 79 925 亩，总产量 17 555 吨。南部的龙河、翰林、岭口、龙门等镇 60%农户种植槟榔，是农户增加经济收入的主要特产之一。

定安县的槟榔加工，产品为榔干，已有 100 多年的历史，主要集中在南部地区。槟榔加工业的发展，概括起来有两个比较明显的发展阶段：第一阶段，即 1980 年以前，加工水平低，加工量少，销路差，且集中在南部地区，年加工量只有 80~100 吨。第二阶段，即 1980—1996 年，这个阶段槟榔加工业发展迅速，加工规模大，产品销路不断扩大，全县有大小型槟榔熏灶 60~80 个，分布在岭口、翰林、龙河、龙门、新竹、富文等镇，全省各地均有槟榔果运来加工，年加工量 1 800~2 000 吨，产品销往湖南省各地。

建在定城的海南牙膏厂，经科学精制，提取槟榔的有效成分配制出新型的槟榔保健牙膏，产品投放市场后，深受国内外用户的欢迎。

5. 咖 啡

清光绪三十四年（1908 年）由华侨从马来西亚带回种子，在定安县石壁（现属琼海市）和儋州的那大等地试种，因栽培技术不过关，管理不善而失败。1920 年，又有华侨从马来西亚引进大粒种咖啡，在文昌试种成功。后再在岛内各地传种，1923 年，定安县南部的龙河、翰林地区有个别农户从澄迈引入种植。当时只是零星种植，没有形成一定规模。1986 年县政府发动群众在全县范围内掀起种植 1 万亩咖啡的热潮，是年全县实际种植 1.50 万亩。1987 年南海农场职工自行种植 112 亩，1991 年收获咖啡豆 2.70 吨。由于咖啡销路存在问题，经济效益不显著，全县种植的咖啡逐渐失管，1990 年后不再有新增种植。

6. 油　棕

1926 年，华侨从马来西亚和印度尼西亚多次引入在海南岛的万宁、文昌、乐东等地种植，1957 年定安县购进种子 68 369 粒育苗种植。1960 年后发展很快，1961 年全县发展到 88 819 亩，分布全县各地区，以南海农场最多。20 世纪 70 年代油棕已长成大树，但几乎不结果，结果的也产量低，经济效益差，在"农业学大寨"开荒造田运动中，砍伐了大片油棕；20 世纪 80 年代，随着土地开发热又砍伐了一批。20 世纪 90 年代，仅有一些地区保留着零星植株。

7. 腰　果

海南种植腰果始于 1958 年。1959 年南海农场引进种植 826 亩。1960 年定城镇仙沟农场等单位引进种植 186 亩，主要分布在定城镇仙沟农场、岭口枫坡农场、龙河石八农场。1962 年，全县发展到 2 000 多亩。由于没有种植经验。只凭一股劲，腰果管理不善，生长不好，挂果少，没有经济效益，1968 年全县只存 494 亩，1978 年仅在翰林、岭口等地区有零星植株。

8. 香　茅

1935 年，华侨陈显从印度尼西亚的爪哇岛把香茅引入海南岛澄迈县福山地区种植成功。1937 年引入定安县富文镇金鸡岭村种植。1950 年末，全县有香茅 34 亩；1961 年，全县发展到 8 577 亩，其中龙门 7 035 亩，龙湖 525 亩，岭口、新竹分别为 250 亩，富文、龙河、雷鸣、黄竹有少量种植。南海农场 1963 年种植 2 000 亩，1965 年产油 10.60 吨。1964—1968 年是全县香茅生产高峰期，5 年间，平均每年保存面积 13 400 亩。1964 年是新种植最多的一年，达 18 264 亩，收获 10 881 亩，产油 424 吨。1966 年是产量最高的一年，产油 756 吨。龙门热作场 1965 年香茅一项收入 221 578 元，占农场总收入的 85.20%。

1974 年前，县内香茅的主要产区在龙门、富文、龙湖、新竹、定城、黄竹，龙河、岭口、雷鸣也有种植。1974 年金鸡岭农场种植 4 000 亩，至 1978 年共产油 91.50 吨。1975 年后，主要产区转移到龙湖永丰、黄竹。1976 年，龙湖、黄竹面积分别为 2 467 亩和 1 969 亩，龙门仅存 916 亩。1961—1978 年，县内国营农场、地方农场和农村大量种植香茅，都采用土法蒸馏加工香茅油。1980 年后，没人再种植和加工香茅。

9. 可　可

1953 年，由一位华侨带回可可种籽在海南岛国营兴隆华侨农场经过精心培育，于 1954 年试种成功。1963 年定安县引种于东方红农场。当时福建华侨刘忠根从马来西亚带回成熟果一个，将种子分给定安岭口刘哲培等人种植，但因不掌握育苗技术，其他人栽植的全部枯死，仅存刘哲培培育一株成活并得到初步推广。20 世纪 80 年代末，定城镇政府曾号召机关干部和农民在官娘脊大力种植可可，由于缺乏管理经验，加上气候等因素的影响，最后以失败而告终。20世纪90年代县内没有人再种植。

（五）定安县甘蔗的发展

1950年前，定安县主要种植POJ2725、2883、2878和F108、109、105甘蔗。1950—1970年后全县种植甘蔗主要有两种，一是竹蔗，为榨糖之用，二为红蔗（果蔗）。市场摊卖的一种蜡黄色果蔗也称蜡蔗，蔗茎较粗；还有红皮小茎蔗称铁蔗。20世纪70年代开始栽培的果蔗，皮深紫红色，茎秆较粗，质脆软，汁多清甜，已大面积种植。榨糖用的甘蔗先后推广的良种有早熟、中熟和晚熟3种。

1. 果　　蔗

1980年前全县种植果蔗面积较少，在400亩以下，亩产2 000千克以下。如1958年种植94亩，总产135吨。20世纪80年代后，果蔗生产主要集中于定城镇，每年种植500亩左右，尤其后山至潭榄洋连片种植，有300~400亩，其次为雷鸣镇有200多亩。2015年，全县种植面积2 337亩，总产9 865吨，其中雷鸣种植面积最多，面积2 060亩。

2. 糖　　蔗

20世纪50年代前定安县糖蔗主产区是龙河、岭口地区，其他地区较少，供农村土法制作糖条。糖蔗种植面积1949年全县仅2 762亩，总产3 979吨。1955年6 592亩，亩产1.90吨，总产12 524.80吨。1956年增至12 759亩。1957年县建成日榨350吨的茶根糖厂和日榨150吨的定安糖厂后，县政府对甘蔗生产非常重视，把甘蔗生产当做发展全县工农业经济重点来抓，促使甘蔗生产加快发展，主要产区为龙河镇。1964年糖蔗种植面积上升到26 097亩，1965年为35 159亩，总产62 103吨。1975年达70 534亩，总产102 205吨。20世纪80年代后，由于农业部门抓好良种推广，进行栽培技术改革，建立高产示范基地，甘蔗生产更上一个新台阶。1982年起，全县年种植糖蔗61 431~82 844亩，亩产2.50~3.90吨，总产230 000吨左右，比20世纪70年代最高年度的102 000吨增长1倍多。1996年种植面积67 020亩，总产达248 465吨。2012年，全县种植面积26 103亩，总产103 256吨，其中龙河镇9 800亩，占全县种蔗面积的37.54%，此后，全县种植面积逐年减少，到2016年已无规模种植。

第四节　耕地改良利用与生产现状

一、耕地改良利用

1. 挖深沟降低地下水

对深脚冷底发酸田垌，进行深挖环垌沟和中心沟，降低地下水位，排除毒水，改善土壤的物理性状。龙门镇清水塘肚（水河肚）有"无雨三尺泥，大雨水成湖"之称的田埇，面积630亩，整治前年亩产250千克左右。1966年开始改造，至1974年冬，组织630人的专业队伍，为拦山岭洪水和引水使用，挖一条宽1.50米、长5 400米的环埇灌水沟，加固挖深一条宽5米、深1.70米、长3 000米的中心排水沟，同时配套58条共1 300米的排灌分用沟。通过整治后降低地下水位，原441亩1米深泥田变为耕作层只0.30米左右的良田。

黄竹的龟底洞是有名的深泥田埇，面积480亩，四面环山，出水口石头多，排水困难，长年浸水成为深泥田埇。新中国成立前曾经有1/3面积因泥深无底，耕种的水稻生长不良，年亩产约250千克。1973年组织专业队进行整治，同样挖"三沟"（排洪沟、排水沟、灌溉沟）排"五水"（山洪水、黄泥水、冷泉水、铁锈水、内渍水），打通中心排涝沟，共挖土石方5 000立方米。通过整治后，泥田变成浅脚砂壤土，单造改双造，还种甘薯120亩，甘蔗23亩，成为水旱轮作的良田，同时长期荒废的100亩深泥田也垦复耕种。

2. 深翻增厚耕作层

1958—1959年冬春，全县开展农田深耕运动。有两种做法：一是搞深翻试点，如定城的东门肚和潭榄洋搞2个深翻试点约100亩，深挖1米，投入绿肥、牛粪后再回土。这种作法花劳力大，往后几年内犁田耕作时耕牛陷落，耕作困难，效果不太好。二是采取套犁办法，即一前一后跟着犁深土层，耕深度多达约25厘米，增厚土壤耕作层，促进土壤的蓄水保肥能力，利于水稻根系生长，秆壮穗大而取得增产。当时全县普遍搞套犁深耕。

3. 种植绿肥增加有机质培肥地力

1964—1965年，全县掀起种绿肥运动。坡岭荒地开垦种植专用绿肥，有山毛豆、日本三叶猪屎豆、毛蔓豆、巴西苜蓿等，这些绿肥一年可割2~3次，管理好的一亩绿肥可供3亩稻田施用。这一时期，还大面积推广晚造稻底下套种冬季绿肥，主要有四川苕子，紫云英次之，黄花苜蓿较少。做法是在晚造稻收获前10天左右，稻田有浅水层土壤尚湿，把经过处理好的绿肥种子散播下去，割稻时留茬30~40厘米，有利绿肥前期阴蔽和攀缘生长。管理上以磷肥为主配施氮肥，进行保湿和防病虫害。3种绿肥以苕子较易管且产量高，较好的每亩1 500~2 000千克，一般的800~1 000千克。这些绿肥含氮养分较高，是优质绿肥。全县各镇均种植万亩以上。比较高产的有定城的潭黎洋、后山洋、岭口镇的沐朗肚，3个片的绿肥面积都在100亩以上。

此外，定城龙州农技站在潭黎洋冬种番薯，间种红花豌豆100亩左右，亩产40~60千克，豆蔓下田为肥。

1972—1974年，推广"两稻两肥"制，即晚造水稻加冬季放养红萍，早造稻中间种田菁，红萍为早稻用肥，田菁为晚稻用肥。1973年全县利用冬闲水田放养红萍面积25 000多亩。红萍的产量较高，好的压萍2~3次，每亩2 500~3 000千克；一般的也有

1 000千克。

同期，推广稻底间种田菁。在早造水稻插秧后15天左右，将田菁种子（或苗）每隔10行稻播植一行田菁，株距0.80~1.00米。因田菁前期生长慢，等水稻抽穗后，田菁苗刚好长与水稻齐高，对水稻无荫蔽影响，水稻基本成熟田菁也高大起来，收完稻后，灌水4~6厘米，田菁的根系发达，生长迅速。全县播种田菁种子共11 500千克，按每亩用种0.20千克计，稻底田菁达57 500亩。种得较好的是九所公社南庄一队，早造水稻171亩全部间种田菁，每亩收菁嫩茎叶400~600千克，尚有地下丰富的嫩根部分，压菁的基肥丰富。

经过两年推行"两稻两肥"制，土壤变得松软而黑，稻苗生长稳健，杂草也少，稻谷丰收。种肥前亩产163千克，种肥后亩产219千克，亩增56千克，提高34.36%。

无论是冬种苕子，养红萍或稻底间种田菁，都是以田养田，增加土壤有机质，是改良土壤结构的好办法。

二、耕地利用现状

全县耕地主要种植水稻、热带作物、药材、瓜菜、橡胶等。定安县主要作物栽培面积及产量情况见表1-1。

表1-1　定安县主要作物栽培面积及产量

作物				播种面积（亩）	产量（t）
粮食作物	谷物	水稻	早造水稻	127 617.10	50 733.20
			晚造水稻	163 674.77	50 330.00
	番薯			58 088.00	13 624.61
	豆类			14 527.00	5 567.31
油料	花生			58 439.00	15 072.09
	芝麻			695.00	50.80
果蔗				2 337.00	9 865.00
蔬菜				159 955.90	234 724.26
瓜类				1 864.00	4 172.95
水果	荔枝			25 725.00	20 182.00
	菠萝			7 794.00	16 299.80
	香蕉			6 888.90	18 230.90
	龙眼			2 749.00	891.10
	柑橘橙柚			1 186.00	1 400.50
	芒果			425.00	441.30

（续表）

作物		播种面积（亩）	产量（t）
热带作物	橡胶	272 607.00	12 239.20
	椰子	17 816.00	951.253 4（万个）
	香料	1 152	19（折油）
	槟榔	123 313.00	17 555.40
	胡椒	19 108.00	2 584.80
其他	花卉	13 429	18 282

农作物总播种面积为 642 466.77 亩，粮食 364 396.87 亩，占播种总面积的 56.72%，总产量 120 312.42 吨；蔬菜 159 955.90 亩，占播种总面积的 24.90%，总产量 234 724.26 吨；油料 59 134.00 亩，占播种总面积的 9.20%，总产量 15 122.89 吨；胡椒 19 108.00 亩，占播种总面积的 2.97%，总产量 2 584.80 吨。

三、土地合理开发利用

定安县第二次土地普查统计表明，全县耕地总面积为 700 273 亩，占全县土地总面积的 39.64%，其中农田 235 621 亩，旱地及轮歇地 170 921 亩，园林地 293 731 亩。

根据全县耕地的不同特点，为了合理开发利用，于 1982 年进行了第一次全县农业区划，1993 年进行一次土地详查和农业用地规划，综合区划和规划农业用地开发方向，北部各大田洋地区主要发展粮食和瓜菜，实行粮菜轮作；中东部和中南部的旱地坡地，主要发展油果及胶茶生产，在坡地山岗开辟水果园，种植荔枝、龙眼、石榴、杨桃、火龙果等，在红壤地区实行胶茶间种；西部旱地坡地山岗主要发展油料、胡椒生产；南部山地主要发展橡胶、槟榔；全县田洋田埔坚持发展粮食生产。

从 20 世纪 80 年代中期起，全县根据区划开发耕地，充分利用地力发展农业生产，成效凸显。至 1996 年，全县所有耕地基本上都开发利用，没有丢荒的现象，特别是旱地坡地、山坡荒岗到处有人承包开发，种植水果、胡椒、橡胶、槟榔和造林；全县各大田洋，特别是北部地区田洋，迅速兴起种植瓜菜热潮，形成了连片的瓜菜生产基地。在开发热潮中，招来了许多外来客商租地或承包，带动了县内居民大开发，外来客商主要租地开辟果园和承包田地种植果菜。全县已先后招来客商（含港台内地客商）13 家包租坡地 2 350 亩建果园，承包田地（旱田）432 亩搞瓜菜基地，县内居民租地承包发展种养业相当普遍。

至 1996 年，全县基本上形成了以县城郊区各大田洋为中心的瓜菜基地，龙湖、黄竹、龙门地区的荔枝龙眼菠萝基地，东线高速路旁火龙果基地，雷鸣为中心的花生油料基地，定南公路旁的西线胡椒基地，龙河翰林岭口地区的槟榔水果基地，三个国营农场的胶茶基地，以及定龙公路旁旱地挖塘的鱼鸭养殖基地。全县已发展蔬菜 8.80 万亩，总产 4.80 万吨，荔枝、龙眼、石榴、菠萝 1.60 万亩，总产 1 万吨，火龙果 0.10 万亩，胡椒 0.30 万亩，水稻面积有所减少，但总产增加，其他农作物面积和总产都有所增加。

四、统一规划，用养结合

树立全局观念和生态观点，统一规划，用养结合，提高土壤资源的生产潜力。定安县丘陵山地上的土壤分为砖红壤、赤红壤、黄壤三大土类。其特点是富铝化作用强烈，有机质和矿物受到深刻分解，硅及可溶性盐分充分淋失，富含铝、铁，土壤呈酸性。潜在养分含量很低，而若再进行掠夺性的种植，土壤将会越种越瘦。因此，应严禁破坏性刀耕火种。坡度大于 25 度的陡坡地和沿海的风沙地应种林种草放牧。保护好原有次生林，不能盲目扩大耕地。开垦种植作物时，应统一规划成梯田化，种肥盖草，同时还须考虑到丘陵山地养分元素区域性差异特点。由于土壤对肥料需要性大，应注意补充养分，而丘陵下段宜种耐肥作物。根据这一特点，丘陵山地由下至上立体农业布局是热带经济林与作物（橡胶、咖啡、胡椒等）—经济林（茶及果树）—用材林—封山育林。

五、多种经营，全面发展

坚持遵循自然规律、经济规律和社会需要的原则，多种经营，全面发展。定安县丘陵山地上的土壤生长季雨林、雨林、常绿阔叶林等，油茶、茶、毛竹等也十分适宜。加之气候环境条件良好，适宜种植热带作物，热带水果以及南药。如橡胶、咖啡、胡椒、椰子、香蕉、石榴、槟榔、可可、益智、海南砂仁、丁香等。目前，橡胶面积较大，但单产较低。其他作物如咖啡、可可、益智、海南砂仁、丁香、柑橙、石榴却很少。应逐渐调整，把定安县的优势充分发挥出来。对橡胶着重提高单产，不能毁胶种果、种南药。而应对荒地进行合理的开垦。须增加土特产资源的比重。定安县西部山区土特产资源丰富，有珍稀药用植物见血封喉、海南红壳松、海南大血树、大枫子、巴豆、龙血树、槟榔、巴戟、益智、草蔻、沉香等 100 多种，其中大洲岛龙血树为治疗高血压的良药，已列入国家重点保护的树种。

六、肥料施用情况

20 世纪 60 年代前化肥缺乏，主要施用草木灰、人畜粪尿等农家肥。60 年代后逐渐转变为以化学肥料为主，农家肥为辅。在使用化肥过程中，20 世纪 70 年代前以磷肥和氮肥为主，磷肥为过磷酸钙，用作基肥，而氮肥如硫酸铵、硝酸铵、炭酸氢铵、尿素等，作插秧后的追肥，钾化肥和复合肥尚少，水稻苗期少用。20 世纪 70 年代化肥用量逐渐增加，每亩稻苗施用量由几千克增加至 15 千克以上（指氮化肥）。20 世纪 80 年代化学钾肥用得较多。农民最初对钾肥的作用尚未认识，认为施钾肥不比施尿素的水稻长势好，因此，农业部门通过多点多次试验，对比显示出增施钾肥增产效果显著，农民通过实践体会后逐步喜欢使用。此后，水稻施肥做到氮磷钾配合使用，由最初小面积到大面积普遍推广应用配方施肥技术，同时复合肥（氮、磷、钾三元素复合）的使用也普遍起来。2015 年定安县化肥施用总量为 53 299.96 吨，其中氮肥 12 732.76 吨、磷肥 14 415.16 吨、钾肥 7 981.84 吨、复合肥 18 170.20 吨。

第五节 耕地保养管理

农业是国民经济的基础，要始终把农业放在发展国民经济的首位。要立足于适应需求和增加农民收入，着眼于农业的现代化长远发展，以加工运销为中心，加大农业和农村经济结构调整力度，提高农业整体素质和效益。把定安县建设成为在全国有较强竞争力的冬季瓜菜生产基地、无公害农产品出口基地、淡水养殖基地。随着农业产业结构调整步伐的不断加快，政府大力实施沃土计划及旱作农业技术，大面积的秸秆还田，使耕地土壤肥力逐步提高，由于定安县所处地理环境优越，没有大型的工业污染，而且防护林面积逐年增加，定安县的农业生态环境得到很大改善。特别是通过采取一系列有效措施，加大农业投入，治理整顿污染源，实施"三废"达标排放和无公害产品行动计划，禁止高毒农药使用，并从源头抓起，努力改善产地环境，使定安县农业向安全、优质、高效农业迈进。

认真贯彻落实"十分珍惜和合理利用土地，切实保护耕地"的基本国策，深化土地管理体制改革，实现土地资源的优化配置，促进土地资源的可持续开发利用。在切实保护耕地的基础上，力求保持耕地总量动态平衡，以供给制约和引导需求，统筹兼顾，综合协调，因地制宜制定各类用地总量，确保实现土地资源开发利用的经济、社会和生态环境效益的较佳统一。

第二章　耕地地力评价技术路线

以农业部《测土配方施肥技术规范》和《耕地地力评价指南》为依据，对定安县的耕地地力进行了全面的评价，具体评价技术流程如图2-1所示。

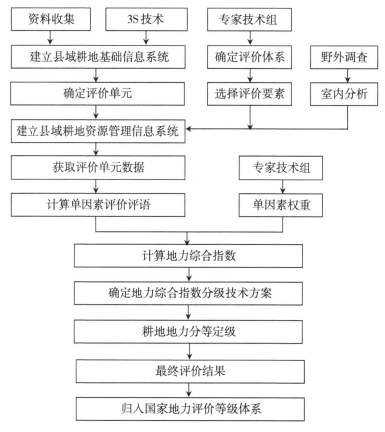

图 2-1　耕地地力综合评价技术流程

第一节　资料准备

一、图件资料准备

在进行耕地地力评价之前，收集了县级比例尺1：5万的《土壤类型分布图》、《土地利用现状图》、《基本农田保护区图》、《农田水利分区图》、《行政区划图》及其他相关图件。并分别将收集到的纸质图件矢量化，制做成数字化图件。

二、文字资料准备

收集的文字资料包括定安县第二次土壤普查报告、基本农田保护区划统计资料、和统计年鉴中涉及到的近三年种植面积、粮食单产与总产、肥料使用等统计资料，以及历年土壤、植株测试资料。

第二节　技术准备

一、确定耕地地力评价因子

在选择耕地地力评价因子时遵循以下原则：

选取的因子对耕地生产力有较大的影响；选取的因子在评价区域内应有较大的变异，便于划分登记；同时必须注意因子的稳定性；对当前生产密切相关的因素；评价因素必须很好的操作和实际意义。

根据以上原则，在全国农业部行业标准的基础上，并经过在试行省的反馈，最终提出 64 个耕地地力评价因子。将该 64 个评价因子归纳为立地条件、理化性状、养分状况、土壤管理、气候条件、障碍因素、剖面构型等七大类，统一进行了量和范围描述，作为全国统一的评价因素库。

根据全国统一的评价因素库，召集海南省土壤肥料专家和技术组成员商议，选取了对定安县区域内变异较大，在时间序列上具有相对稳定性，因子之间独立性较强，对耕地地力有较大影响的 11 个评价因子。这些因子是土壤有机质、pH、有效磷、速效钾、交换镁、质地、成土母质、土壤侵蚀程度、耕层厚度、种植制度和排涝能力（表 2-1）。

表 2-1　定安县耕地地力评价指标体系

A 层	B 层	C 层
耕层地力	理化性状	质地
		pH 值
	土壤养分	交换性镁
		有机质
		有效磷
		速效钾
	立地条件	土侵蚀程度
		成土母质
		耕层厚度
	土壤管理	种植制度
		排涝能力

二、确定耕地地力评价单元

用矢量化好的 1∶5 万《土壤类型分布图》和《土地利用现状图》和《行政区划图》进行空间叠加产生的图斑作为耕地地力评价单元，这样形成的评价单元空间界线及行政隶属关系明确，有准确的面积，地貌类型及土壤类型一致，利用方式及耕作方法基本相同，得出的评价结果不仅可应用于农业布局规划等农业决策，还可用于指导生产实际的农事操作，为测土配方施肥及实施精准农业奠定良好基础。

第三节　耕地地力评价

一、评价依据

耕地地力评价是综合性的多因素评价，它难以用单一因素的方法进行划定，所以就必须选定一种行之有效的方法来对其影响因素进行综合性的分析。目前评价方法很多，所选择的评价指标也不一致。以往评价方法大多人为划分其评价指标的数量级别以及各指标的权重系数，然后利用简单的加法、乘法表进行合成，这些方法简单明确，直观性强，但其正确性在很大程度上取决于评价者的专业水平。近年来，研究者们把模糊数学方法、多元统计方法以及计算机信息处理等方法引入到评价之中，通过对大量信息的处理得出较真实的综合性指标，这在较大程度上避免了评价者自身主观因素的影响。

耕地地力评价采用《全国耕地地力调查与质量评价技术规程》推荐的方法。即通过3S 技术建立 GIS 支持下的耕地基础信息系统，对收集的资料进行系统的分析和研究，并综合应用相关分析、因子分析、模糊评价、层次分析等数学原理，结合专家经验并用计算机拟合，插值分析等方法来构建一种定性与定量相结合的耕地生产潜力评价方法。

二、评价方法

将模糊数学方法、多元统计方法以及计算机信息处理等方法引入到耕地地力评价。通过 3S 技术建立 GIS 支持下的耕地基础信息系统，对收集的资料进行系统的分析和研究，并综合应用相关分析、因子分析、模糊评价、层次分析等数学原理，结合专家经验并应用计算机拟合，插值分析等方法。

三、单元素评估及其隶属关系——模糊评价方法

模糊数学提出模糊子集、隶属函数和隶属度的概念。任何一个模糊性的概念就是一个模糊子集。在一个模糊子集中取值范围在 0~1，隶属度是在模糊子集概念中的隶属程

度，即作用大小的反映，一般用隶属度值来表示。隶属函数是解释模糊子集与隶属度之间的函数关系。

根据模糊数学的理论，主要有如下几种隶属函数。

（一）戒上型函数模型

$$y_i = \begin{cases} 0 & u_i \leqslant u_t \\ 1/\left(1+a_i\left(u_i-c_i\right)^2\right), & u_t < u_i < c_i \\ 1 & c_i \geqslant u_i \end{cases}$$

式中：y_i 为 t 第 I 因素评语；u_i 为样品观测值；c_i 为标准指标；a_i 为系数；u_t 为指标下限值。

（二）戒下型函数模型

$$y_i = \begin{cases} 0 & u_t \leqslant u_i \\ 1/\left(1+a_i\left(u_i-c_i\right)^2\right), & c_i < u_i < u_t \\ 1 & u_i \leqslant c_i \end{cases}$$

（三）峰型函数模型

$$y_i = \begin{cases} 0 & u_i > u_{t1} \text{或} u < u_{t2} \\ 1/\left(1+a_i\left(u_i-c_i\right)^2\right), & u_{t1} < u_i < u_{t2} \\ 1 & u_i = c_i \end{cases}$$

（四）概念型函数模型（散点型）

这类指标与耕地生产能力之间是一种非线性的关系，如地貌类型、土壤剖面构型、质地等。这类要素的评价采用特尔菲法直接给出隶属度。

四、单因素权重的确定——层次分析法

单因素权重应用层次分析法来确定。层次分析法就是把复杂的问题按照它们之间的隶属关系排定一定的层次，再对每一层次进行相对重要性比较，最后得出它们之间的关系，从而确定它们各自的权重。

在确定权重时，首先要建立层次结构，对所分析的问题进行层层解剖，根据他们之间的所属关系，建立一种多层次的架构，利于问题的分析和研究。

其次是构造判断矩阵，用三层结构来分析，即目标层（A层）、准则层（B层）和指标层（C层）。对于目标层A，则要对准则层B中的各因素进行相对重要判断，可参照相关分析以及因子分析的结果，请专家分别给予判断和评估，从而得到准则层B对于目标层A的判断矩阵。同理亦可得到指标层C相对于各准则层B的判断矩阵。

再次是权重值的计算。

（一）根据判断矩阵计算矩阵的最大特征根与特征向量

当 P 的阶数大时，可按如下"和法"近似地求出特征向量：

$$W_i = \frac{\sum\limits_j P_{ij}}{\sum\limits_{i,j} P_{ij}}$$

式中：P_{ij} 为矩阵 P 的第 i 行第 j 列的元素。即先对矩阵进行正规划，再将正规化后的矩阵按行相加，再将向量正规化，即可求得特征向量 W_i 的值。而最大特征根可用下式求算：

$$\lambda\max = \frac{1}{n}\sum_{i=1}^{n}\frac{(PW)_i}{(W)_i} \left(其中(W)_i \text{ 表示 } W \text{ 的第 } i \text{ 个向量}\right)$$

（二）一致性检验

根据公式：

$$CI = \frac{\lambda\max - n}{n-1} \text{ 和 } CR = CI/RI$$

式中：CI 为一致性指标，RI 为平均随机一致性指标（可通过查表求得）。

若 $CR<0.1$，则说明该判断矩阵具有满意的一致性，否则应作进一步的调整。

（三）层次总排序一致性检验

根据以上求得各层次间的特征向量值（权重），求算总的 CI 值，再对 CR 作出判断。

最后计算组合权重，由指标层 C 与准则层 B 相对应的权重值相乘求得各评价因素的组合权重，即为评价指标的实际权重。

五、综合性指数计算

根据加乘法则，在相互交叉的同类采用加法模型进行综合性指数计算。

$$IFI = \sum (F_i \times C_i)$$

式中：IFI 为耕地地力综合指数；F_i 为第 i 个评价因子的隶属度；C_i 为第 i 个评价因子的组合权重。

第四节　地力等级划分与成果图件输出

根据综合地力指数的分布，采用等矩法确定分级方案，划分地力等级，绘制耕地地力等级图。

一、基本图层的制作

基本图层包括行政区所在地图层、水系图层、道路图层、行政界线图层、等高图层、文字注记图层、土地利用图层、土壤类型图层、基本农田保护块图层、野外采样点图层等等，数据来源通过收集图纸图件、电子版的矢量数据及通过 GIS 野外测量数据（如采样点位置）获得，根据不同形式的数据内容分别进行处理，最终形成统一坐标、统一为 Shapefile 格式的图层文件。

（一）图件数字化

图纸图件利用数字化仪进行人工手扶数字化或利用扫描仪和数字化软件进行数字化，数字化完后再进行坐标转换、编辑修改、图幅拼接等处理。定安县耕地土壤图用第二次土壤普查时完成的 1：5 万土壤图通过人工手扶数字化而成。

（二）电子版矢量数据的格式转换

定安县土地利用现状图是用 MapGIS 制作的电子版数据，将其转换为 Shapefile 格式才能为耕地资源信息管理系统调用。MapGIS 制作的土地利用现状图包括有点（地名等注记）、线（道路、水系、界线）、面（利用现状、基本农田保护块）三个图层。在转换前先进行数据分析，弄清属性值表达的不同类型，然后利用 MapGIS 的文件转换功能对点、线、面文件转换为 COVERAGE 文件，再利用 ARCINFO 软件进行处理，最后生成 Shaplefile 格式文件。

（三）GPS 采集的数据转换

野外采样点的位置通过 GPS 进行实地测定，将每次测定的数据保存下来，然后将这些数据传至电脑并按转换的格式要求保存为文本文件，利用 Arc/Info 软件的转换命令将其转换为 Coverage 和 Shapefile 格式文件。

（四）坐标转换

地理数据库内的所有地理数据必须建立在相同的坐标系基础上，把地球真实投影转换到平面坐标系上才能通过地图来表达地理位置信息。定安县 1：5 万的地形图采用高斯-克吕格投影的参数进行投影转换成平面直角坐标坐标系，单位为米。

二、成果图制作

（一）坡度坡向图

坡度坡向图由等高线图生成。将等高线图层转换成带高程属性的 Grid 图层，利用空间分析模块生成坡度图和坡向图，并将其转换为栅格格式。

（二）养分图

养分图包括 pH、有机质、全氮、有效磷、速效钾。利用地统计分析模块，通过空间插值方法分别生成四个养分图层。

（三）评价单元图制作

由土壤图、土地利用现状图和农田保护块图叠加生成，并对每一个多边形单元进行编号，然后将12个评价指标字段名添加到评价单元图数据库中。

第五节　归入全国耕地地力等级体系

依据《全国耕地类型区、耕地地力等级划分》（NY/T 309—1996），归纳整理各级耕地地力要素主要指标，形成与粮食生产能力相对应的地力等级，并将各等级耕地归入全国耕地地力等级体系。

耕地地力等级是耕地潜在生产能力的描述。耕地基础地力由耕地土壤的地形、地貌、成土母质特征，农田基础设施及培肥水平，土壤理化性状等综合构成的耕地生产能力。计算耕地潜在生产能力，需要对每一地块的潜在生产能力指标化。农业部建立了耕地地力等级与生产能力之间的关系，建立了全国统一的耕地地力等级。

分析我国耕地的最高生产能力和最低生产能力之间的差距，按100千克/亩的级差切割成十个地力等级作为全国耕地地力等级的最终指标化标准（见下表）。建立定安指标化分级和全国统一耕地地力等级的对应关系。目的在于对评价结果进行汇总，计算全国、各省及各县的耕地人口承载能力。

表　全国耕地地力等级与定安综合指数法耕地等级对照

全国等级	一	二	三	四	五
定安县等级			1	2	3
生产能力（kg/亩）	≥900	800~900	700~800	600~700	500~600
全国等级	六	七	八	九	十
定安县等级	4	5			
生产能力（kg/亩）	400~500	300~400	200~300	100~200	≤100

第六节　划分中低产田类型

中低产田存在着各种制约农业生产的土壤障碍因素，产量相对低而不稳。根据土壤主导障碍及改良主攻方向，定安县中低产田分为坡地梯改型、瘠薄培肥型、渍涝潜育型、干旱灌溉（含培肥型）四种类型。

一、坡地梯改型

坡地梯改型是指通过修筑梯田梯埂等田间水保工程加以改良治理的坡耕地。坡地梯改型耕地主要障碍因子是坡度较大，地面倾斜，因此而诱发水土流失、质地粗糙、干旱瘠薄等多种并发症。特殊的自然、经济社会状况，导致了土壤侵蚀、土壤贫瘠与土壤干旱，成为影响这一类型土壤农业生产的主导障碍因素。定安县坡地梯改型耕地面积2.27万亩，占耕地面积的7.35%，占中低产田面积的15.13%。

坡地梯改型耕地地处海拔200米左右的中低山、丘陵地带。由于坡度较大的缘故，容易造成水土流失。光山秃岭、沟壑纵横、地面支离破碎为其典型景观。造成侵蚀的主要原因，一是地形的影响。这一地区仍有较多的坡耕地，严重的土壤侵蚀多发生在坡耕地上。由于侵蚀造成耕地面积减少，耕地生产能力下降，熟化层和耕层被不断剥蚀，降低了土壤的渗透性和蓄水性，加剧了土壤的干旱程度。二是气候因素。集中的降雨和暴雨的频繁发生，加剧了土壤侵蚀。由于这一地区没有良好的生态环境，草难生存，树难存活，降雨量少而且雨量集中，春季节干旱少雨，夏秋季节暴雨连连，造成渍涝灾害。而且降雨集中，许多雨水得不到充分利用，使侵蚀和干旱加剧。粮食生产只能维持在低水平种植和收获。三是人类的活动。随着人口增加，加剧了土壤的不合理开发利用，打破了自然界的生态平衡，加剧了土壤侵蚀。严重的土壤侵蚀，加剧了土壤贫瘠化。耕层土壤有机质多在15克每千克以下，粮食产量低而不稳。

因此，土壤侵蚀是造成土壤瘠薄、干旱的根本原因。按照侵蚀程度的不同，本类型耕地分为轻度侵蚀、中度侵蚀、重度侵蚀。

二、瘠薄培肥型

瘠薄培肥型耕地是指受气候、地形等难以改变的大环境（干旱、无水源、高寒）影响，以及距离居民点远，施肥不足，土壤结构不良，养分含量低，产量低于当地高产农田，当前又无见效快、大幅度提高产量的治本性措施（如发展灌溉），只能通过长期培肥加以逐步改良的耕地。定安县瘠薄培肥型耕地面积4.86万亩，占耕地面积的15.74%，占中低产田面积的32.40%。

定安县瘠薄培肥型耕地主要以耕层有机质含量小于15克每千克来划分。主要土属为麻赤土、黄赤土地、宽谷冲积土田、黄赤土田、麻赤土田、黄赤土地、黄赤土等。由于气候、地形等大环境的影响导致土壤干旱、养分含量低、结构性差，从而影响作物正常的生长和发育，瘠薄培肥型耕地主要障碍因素就是土壤贫瘠以及所表现出来的耕层浅薄、有机质含量低、保水保肥性差等不良性状。

三、渍涝潜育型

渍涝潜育型耕地是指由于季节性洪水泛滥及局部地形低洼，排水不良，以及土质粘重，耕作制度不当引起滞水潜育现象，需加以改造的水害性稻田。定安县渍涝潜育型耕地面积2.16万亩，占耕地面积的7.00%，占中低产田面积的14.40%。

定安县渍涝潜育型耕地零星分布于全县各地的排水条件差的山坑田、峡谷田、谷底田。主要分布在低洼地区。

渍涝潜育型耕地常年地下水位高，土壤潜育化或所处地势低洼，排水困难、雨季常被水淹，从而影响作物生长发育。渍涝潜育型耕地主要划分要素状况及指标：常年地下水位高于40厘米，潜育层发育，没有良好的排水条件，或雨季连续遭淹水3天以上，水深超过30厘米。

渍涝潜育型水稻土受地下水位的影响，具有冷，烂、毒等特征，俗称冷浸田、烂泥田、青泥田、锈水田等。因为水分过多，水肥气热等因素不协调，土壤养分不易释放；土壤还原性物质积累多，直接危害根系，影响水稻正常生长；物理性能差，土烂泥深，耕性不良，渍涝潜育型水稻土主导障碍因素是水害，改良主攻方向是排水和降低地下水位。

四、干旱灌溉型（含培肥型）

由于降雨量不足或季节分配不合理，缺少必要的调蓄工程，以及由于地形、土壤原因造成的保水蓄水能力缺陷等原因，在作物生长季节不能满足正常水分需要，同时又具备水资源开发条件，可以通过发展灌溉设施加以改造的耕地。

定安县干旱灌溉型耕地面积5.71万亩，占耕地面积的18.50%，占中低产田面积的38.07%。

定安县干旱灌溉型耕地主要以地下水位、地形部位、以及灌溉条件等指标来作为划分依据。全县各地都有干旱灌溉型耕地零星分布。主要土属为赤土田、紫泥田、火山灰田、生泥田、黄赤土田等。

干旱灌溉（含培肥）型水稻土主要分布在丘陵山地的岗田、旁田，或地势较高的平原地区，灌溉设施不完善，经常受到干旱（主要是季节性干旱）威胁，大部分属于"望天田"，这类田多土壤质地粘重，瘠薄酸瘦，养分缺乏。主导障碍因素一是季节性干旱缺水，二是浅、粘、瘦、板（结板田）；三是砂、浅、漏、瘦（砂板田）。

第七节　实验室质量控制及分析方法

一、实验室质量控制

（一）实验室内的质量控制

1. 标准溶液的校准

标准溶液分为元素标准溶液和标准滴定溶液两类。严格按照国家有关标准配制、使用和保存。

2. 空白试验

空白值的大小和分散程度影响着方法的检测限和结果的精密度。影响空白值的主要因素有纯水质量、试剂纯度、试液配制质量、玻璃器皿的洁净度、精密仪器的灵敏度和精密度、实验室的清洁度、分析人员的操作水平和经验等。空白试验一般平行测定的相对差值不应大于50%，同时，通过大量的试验，逐步总结出各种空白值的合理范围。每个测试批次及重新配置药剂都要增加空白。

3. 精密度控制

精密度采用平行测定的允许差来控制。通常情况下土壤样作20%的平行。5个样品以下作100%的平行。平行测试结果符合规定的允许差，最终结果以其平均值报出，如果平行测试结果超过规定的允许差，需再加测一次，取符合规定允许差的测定值报出。如果多组平行测试结果超过规定的允许差整批重作。

4. 准确度控制

准确度一般采用标准样品作为控制手段。通常情况下，每批样品或每50个样品加测标准样品一个，其测试结果与标准样品标准值的差值，应控制在标准偏差（S）范围内。

采用参比样品控制与标准样品控制一样，但首先要与标准样品校准或组织多个实验室进行定值。在土壤测试中，一般用标准样品控制微量分析，用参比样品控制常量分析。如果标准样品（或参比样品）测试结果超差，则应对整个测试过程进行检查，找出超差原因再重新工作。此外，加标回收试验也经常用作准确度的控制。

5. 干扰的消除或减弱

干扰对检测质量影响极大，应注意干扰的存在并设法排除。常采用的方法有：加入络合剂掩蔽干扰离子和采用标准加入法消除干扰。

6. 准确度控制

用标准样作为密码样，每年至少考核1~2次；尽可能参加上级部门组织的实验室能力验证和考核。

7. 重复性控制

按不同类别随机抽取样品，制成双样同批抽查；随机抽取已检样，编成密码跨批抽查；同（跨）批抽查的样品数量应控制在样品总数的5%左右。

8. 复现性控制

室内互检：安排同一实验室不同人员进行双人比对。

室间外检：分送同一样品到不同实验室，按同一方法进行检测。

方法比对：对同一检测项目，选用具有可比性的不同方法进行比对。

9. 检测结果的合理性判断

检测结果的合理性判断是质量控制的辅助手段，其依据主要来源于有关专业知识，以土壤测试为例，其合理性判断的主要依据是：①土壤元素（养分含量）的空间分布规律，主要是不同类型、不同区域的土壤背景值和土壤养分含量范围；②土壤元素（养分含量）的垂直分布规律，主要是土壤元素（养分含量）在不同海拔高度或不同剖面层次的分布规律；③土壤元素（养分含量）与成土母质的关系；④土壤元素（养分含量）与地形地貌的关系；⑤土壤元素（养分含量）与利用状况的关系；⑥各检测项目之间的相互关系。

检测结果的合理性判断只能作为复验或外检的依据，而不能作为最终结果的判定依据。

（二）实验室间的质量控制

实验室间的质量控制是一种外部质量控制，可以发现系统误差和实验室间数据的可比性，可以评价实验室间的测试系统和分析能力，是一种有效的质量控制方法。

实验室间质量控制的主要方法为能力验证，即主管单位统一发放质控样品，统一编号，确定分析项目、分析方法及注意事项等，各实验室按要求时间完成并报出结果，主管单位根据考核结果给出优秀、合格、不合格等能力验证结论。

二、土壤与植物测试方法

（一）土壤测试

1. 土壤 pH

土液比 1：2.5，电位法测定。

2. 钙、镁离子

原子吸收分光光度法测定。

3. 钾、钠离子

火焰光度法或原子吸收分光光度计法测定。

4. 土壤有机质

油浴加热重铬酸钾氧化容量法测定。

5. 土壤全氮

凯氏蒸馏法测定。

6. 土壤水解性氮

碱解扩散法测定。

7. 土壤全磷

氢氧化钠熔融——钼锑抗比色法测定。

8. 土壤有效磷

氟化铵-盐酸浸提——钼锑抗比色法测定。

9. 土壤全钾

氢氧化钠熔融——火焰光度计或原子吸收分光光度计法测定。

10. 土壤缓效钾

硝酸提取——火焰光度计或原子吸收分光光度计法测定。

11. 土壤速效钾

乙酸铵浸提——火焰光度计或原子吸收分光光度计法测定。

12. 土壤交换性钙镁

乙酸铵交换——原子吸收分光光度法测定。

13. 土壤有效硫

磷酸盐-乙酸或氯化钙浸提——硫酸钡比浊法测定。

14. 土壤有效铜、锌、铁、锰

DTPA 浸提——原子吸收分光光度法测定。

15. 土壤有效硼（必测项目）

沸水浸提——甲亚胺-H 比色法或姜黄素比色法测定。

（二）植物测试方法

1. 全氮、全磷、全钾

硫酸–过氧化氢消煮。全氮采用蒸馏滴定法测定；全磷采用钼锑抗比色法测定；全钾采用火焰光度法。

2. 水分

常压恒温干燥法或减压干燥法测定。

第三章 耕地土壤、立地条件与农田基础设施

第一节 耕地立地条件

立地条件即耕地土壤的自然环境条件与耕地地力直接相关的地形地貌、成土母质、水资源和水文地质。定安县耕地土壤由于受地形、地貌、水文以及人为因素的综合影响，种类繁多，分布复杂。

一、地质地貌

定安县地层主要有寒武系陀烈群、白垩系上统报万群、第四系下更新统湛江组和三迭系新昌群地层。

定安县地质主要由砂页岩、玄武岩、火山灰岩、花岗岩等岩石构成。砂页岩主要分布在雷鸣、富文、新竹和龙湖镇居丁地区的全部和定城、龙湖镇永丰地区的大部分。玄武岩主要分布在金鸡岭一带，包括龙门大部分，黄竹部分和金鸡岭农场。幼龄玄武岩主要分布在岭口、翰林、龙河的大部分和龙门的局部地区。花岗岩主要分布在定安县南部的龙河、龙门、翰林、富文镇坡寨地区和边缘狭长地带。

定安县地处海南岛北部大地构造位置，属华夏断块区华南断坳中雷琼凹陷部分（见1972年中国科学院地质研究所编制的《中国地质大构造轮廓图》）。

定安县地貌类别归纳可分成高丘陵、低丘陵、台地、阶地、水域等，总面积为1 766 464.70亩。高丘陵地海拔高度250~500米，面积53 313.80亩，占全县面积3.02%，主要分布在中瑞、龙河、翰林、东方红农场等南部地区。低丘陵地海拔高度100~250米，面积531 978.80亩，占全县面积30.12%，主要分布在黄竹、龙门、新竹、岭口、翰林、龙河、富文坡寨、龙湖永丰等地区。台地海拔高度50~100米，面积750 653.50亩，占全县面积42.49%，主要分布在龙湖、雷鸣、富文、定城等地区。阶地海拔高度在50米以下，面积372 431.30亩，占全县面积21.08%，主要分布在南渡江沿岸定城镇地区。水域面积58 087.30亩，占全县面积3.29%，分布在全县各镇。

定安县地势由南向北缓度倾斜，形成南高北低的姿势，境内东部有乌盖岭（海拔270.30米），是县内旧八景之一。南部北缘由疏落挺拔的弧丘经起伏丘陵带向南部逐渐高升，山岭重叠，群峰林立，自东南至西南走向排列有10多个400~500米高的岭峰，母瑞山、西坡岭、黄竹岭、分界岭、加东岭等连绵不断。中部有接壤雷鸣、定城、新竹、富文等镇的金鸡岭山脉，主峰海拔203.30米，龙门岭海拔228.30米，与文儒（今属澄

迈县）、西昌（今属屯昌县）交界线均为高丘大岭成东北——西南走向的高地脊带。

县境内和边界上的大小山岭共有 92 座，其中边界上有 22 座。境内的山脉主要分布在南部，其次在西部和东部。南部山脉群峰耸立，连绵不绝，孕育了海南著名的革命根据地——母瑞山，此外，还有南牛岭、马鞍岭、翁牛岭、南东岭、吊藤岭、西坡岭、大排（总）岭、分界岭、公高岭、鹿温岭、石帽岭、日（加）东岭、吊灯岭、岭口岭、宣武岭、中田岭、双头岭、蒙花岭、黄竹岭、五丈岭、龙门岭等。东部有乌盖岭、白石岭、佳埔岭、边岭、顶期岭、草岭等。西部有加峰岭、南尧岭、鸡笼岭、凤门岭、金山岭、龟石岭等。中部有尖岭、贡股岭、金鸡岭等。境内海拔 300 米以上的山岭共有 16 座，其中较高的有 9 座。

二、成土母质

母质是土壤形成的物质基础，不仅土壤的矿物质起源于母质，土壤有机质中的矿质养分也主要来源于母质。母质是土壤发生演化的起点，在物质生物小循环的推动下，母质的表层逐渐产生肥力，从而转变成为土壤母质既是成土过程中被改造的原料，又深刻的影响成土过程。土壤往往继承了母质的某些性质，幼年土壤的继承性尤为明显。定安县地形复杂，母岩和成土母质多样，定安县成土母岩主要由砂页岩、玄武岩、火山灰岩、花岗岩等岩石构成。

三、潜水埋深

土壤水分、空气、养分、热量是土壤的肥力要素。土壤水分与潜水埋深关系最为密切。潜水埋深往往作为水平面土分类的依据。潜水埋深分为低位（地下水位 1~2 米）、中位（地下水位 0.6~1.0 米）、较高位（地下水位 0.3~0.6 米）和高位（地下水位高于 0.3 米）四种类型。高位的有冷底田、青底麻赤土田、青底潮沙泥田、烂湴田。中位的有冲积土田、赤土田、黄赤土田、麻赤土田、页赤土田。低位的有泥肉田、麻赤土田、潮沙泥田。

四、坡度、坡向

坡度的大小与土地的质量密切相关。坡度坡向影响土壤的水分和作物吸收太阳光能的状况。坡度大，地下水埋深变化大，处在高处的易受旱，处在低处的易受涝。向阳坡耕地上的作物吸收太阳光能强，背阳坡上作物吸收太阳光能弱，土壤和水的温度低，对作物生长不利。

耕地坡度分为平地（小于 3 度），平缓坡（3~7 度），缓坡（7~15 度），陡坡（15~25 度），极陡坡（25~35 度），险坡（大于 35 度）六级。

第二节　土壤类型及分布规律

一、土壤分类原则、依据

定安县土壤分类是根据全国第二次土壤普查规程，参照省、地土壤工作分类方案，采用土类、亚类、土属、土种、变种五级分类制。以土壤发生学为理论指导，认真研究本县的成土条件、成土过程和土壤属性，密切联系生产实际来制定的。

土类是在一定的自然条件和人为因素综合作用下，经过一个主导或几个相结合的成土过程。具有一定相似的发生层次、土类间在性质上有明显的差异。划分时考虑：①土壤的发生类型与当地生物气候条件相吻合。例如：我县属热带季风气候，因垂直地带的气候不同，富铝化过程和特点不一样，形成砖红壤、赤红壤、黄壤。②由于特殊母质类型或过多的地表水或地下水活动，形成了岩成、水成、半水成土壤，如滨海盐渍沼泽土，除受水的作用外，还受水中盐分的影响形成的水成土壤。③在自然因素、人为因素（如耕作、施肥、灌溉、排水等）的影响下，阻碍和延缓其成土过程，甚至产生另一种主导的成土过程。如水稻土就是在人为长期种植水稻，水耕熟化，改变了自然成土过程，在新的主导成土过程中产生新的土壤属性的农业土壤类型。

亚类是在土类范围内进一步划分。划分时考虑：①同一土类的不同发育阶段，在成土过程中和剖面形态上有差异。如淹育型水稻土（剖面层次 A、C 或 A、P、C）和潴育型水稻土（剖面层次 A、P、W、G 或 A、P、W、C 等），反映水耕熟化时间长短和铁锰淋溶淀积的不同阶段。②不同土类之间互相过渡，在主要成土过程中，同时产生一个附加成土过程。例如：定安县地处海南岛东南部，高温多雨，年降雨量达 2 100 毫米以上，比其他地区多达 400~500 毫米，土壤含水量较高，土壤心土层呈黄棕色或黄色，故划分为黄色砖红壤亚类。

土属既是亚类的续分，又是土种的归纳。它是在区域性因素（如母岩、地形部位、水文地质、耕作影响等）的具体影响下，使综合的、总的成土因素产生了区域性的差异。例如潴育性水稻土亚类，定安县划为红赤土田、黄赤土田、河沙泥田、白赤土田、潮沙泥田等土属都是根据母质划分的；泥肉田则根据耕作、肥力影响划分的。盐渍性水稻土亚类划分为咸田、咸酸田、反酸田都是根据区域性水文地质条件和化学组成划分的。黄色砖红壤亚类之所以划分黄色黄赤土、黄色黄赤土地土属，是因为它们虽然在相同母质上发育而来，但由于耕作的影响，使其产生区域性变异。

土种是土壤分类的基本单元。它是根据土壤质地、养分、水分、母岩、母质、酸碱度、盐分、土层厚度等划分的。如黄赤土田土属划分为黄赤土田、黄赤沙泥田、黄赤粘土田、乌黄赤土田、黄赤沙土田等五个土种，则是根据质地和养分划分。低青泥田土属划分为潮低青泥田、黄低青泥田、白低青泥田、红低青泥田等四个土种则根据母质和水分划分。咸酸田土属中轻咸酸田、重咸酸田、咸酸田土种是根据 pH 和盐分划分的。

变种是土种范围内根据土体中含有铁子、铁盘、砾石的部位进行划分的。

二、土壤类型及面积

根据土壤分类原则和依据，第二次土壤普查报告显示，定安县主要有水稻土、黄壤、赤红壤、砖红壤、潮沙泥土、滨海盐渍沼泽土水、滨海砂土等七种土壤类型，共计 15 个亚类、38 个土属、92 个土种。其中水稻土分为 6 个亚类、22 个土属、53 个土种，见表 3-1。

表 3-1　定安县土壤分类及面积

编号	土类	亚类	土属	土种	面积（亩）
1	水稻土	淹育型水稻土	浅脚赤土田	浅脚赤土田	356
2	水稻土	淹育型水稻土	浅脚赤土田	铁盘底田	949
3	水稻土	淹育型水稻土	浅脚火山灰田	浅脚黑石土田	1 085
4	水稻土	淹育型水稻土	浅脚红赤土田	浅脚红沙土田	1 535
5	水稻土	淹育型水稻土	浅脚红赤土田	浅脚红沙泥土田	78
6	水稻土	淹育型水稻土	生土田	生赤土田	208
7	水稻土	淹育型水稻土	浅脚白赤土田	浅脚白粗沙土田	370
8	水稻土	淹育型水稻土	浅脚白赤土田	浅脚白半沙坺田	1 405
9	水稻土	淹育型水稻土	浅脚白赤土田	浅脚白沙泥田	2 908
10	水稻土	淹育型水稻土	浅脚白赤土田	浅脚白沙土田	2 575
11	水稻土	潴育型水稻土	紫泥田	紫沙泥田	1 339
12	水稻土	潴育型水稻土	碳质黑泥田	黑泥底田	305
13	水稻土	潴育型水稻土	赤土田	赤土田	6 993
14	水稻土	潴育型水稻土	赤土田	乌赤土田	1 576
15	水稻土	潴育型水稻土	赤土田	赤坺土田	2 888
16	水稻土	潴育型水稻土	赤土田	赤沙泥土田	1 086
17	水稻土	潴育型水稻土	赤土田	铁子底田	313
18	水稻土	潴育型水稻土	火山灰赤土田	石子黑土田	617
19	水稻土	潴育型水稻土	火山灰赤土田	黑坺土田	2 749
20	水稻土	潴育型水稻土	火山灰赤土田	黑沙坺田	3 966

（续表）

编号	土类	亚类	土属	土种	面积（亩）
21	水稻土	潴育型水稻土	火山灰赤土田	乌黑坜土田	2 669
22	水稻土	潴育型水稻土	黄赤土田	黄赤土田	1 790
23	水稻土	潴育型水稻土	黄赤土田	黄赤沙泥田	4 605
24	水稻土	潴育型水稻土	黄赤土田	乌黄赤土田	1 146
25	水稻土	潴育型水稻土	黄赤土田	黄赤粘土田	1 206
26	水稻土	潴育型水稻土	潮沙泥田	潮沙田	260
27	水稻土	潴育型水稻土	潮沙泥田	潮沙泥田	852
28	水稻土	潴育型水稻土	泥肉田	赤泥肉田	686
29	水稻土	潴育型水稻土	泥肉田	白泥肉田	741
30	水稻土	潴育型水稻土	红赤土田	红沙土田	1 906
31	水稻土	潴育型水稻土	红赤土田	红土田	9 266
32	水稻土	潴育型水稻土	红赤土田	红坜土田	157
33	水稻土	潴育型水稻土	白赤土田	白沙土田	26 413
34	水稻土	潴育型水稻土	白赤土田	白沙泥土田	97 070
35	水稻土	潴育型水稻土	白赤土田	白粘土田	11 509
36	水稻土	潴育型水稻土	白赤土田	白乌泥土田	147
37	水稻土	渗育型水稻土	白鳝泥田	晒水田	245
38	水稻土	渗育型水稻土	沙漏田	红沙漏田	1 958
39	水稻土	渗育型水稻土	沙漏田	白沙漏田	1 984
40	水稻土	潜育型水稻土	冷底田	冷底田	846
41	水稻土	潜育型水稻土	冷底田	顽泥田	486
42	水稻土	潜育型水稻土	乌泥底田	鸭屎泥田	305
43	水稻土	潜育型水稻土	乌泥底田	乌泥底田	6 651
44	水稻土	潜育型水稻土	青泥格田	赤青泥格田	1 872
45	水稻土	潜育型水稻土	底青泥田	潮底青泥田	937
46	水稻土	潜育型水稻土	底青泥田	赤底青泥田	9 259
47	水稻土	潜育型水稻土	底青泥田	红底青泥田	5 490
48	水稻土	潜育型水稻土	底青泥田	黄底青泥田	650
49	水稻土	潜育型水稻土	底青泥田	白底青泥田	4 141
50	水稻土	沼泽型水稻土	烂湴田	深湴田	1 670
51	水稻土	沼泽型水稻土	冷浸田	冷浸田	443

（续表）

编号	土类	亚类	土属	土种	面积（亩）
52	水稻土	沼泽型水稻土	渍水田	渍水田	170
53	砖红壤	砖红壤	玄武岩砖红壤	厚有机质层厚层玄武岩砖红壤	37 293
54	砖红壤	砖红壤	玄武岩砖红壤	厚有机质层中层玄武岩砖红壤	3 937
55	砖红壤	砖红壤	玄武岩砖红壤	厚有机质层薄层玄武岩砖红壤	234
56	砖红壤	砖红壤	玄武岩砖红壤	薄有机质层中层玄武岩砖红壤	4 159
57	砖红壤	砖红壤	玄武岩砖红壤	中位铁子中厚层玄武岩砖红壤	9 705
58	砖红壤	砖红壤	玄武岩砖红壤	中有机质层中层玄武岩砖红壤	11 212
59	砖红壤	砖红壤	玄武岩砖红壤	中有机质层薄层玄武岩砖红壤	9 949
60	砖红壤	砖红壤	玄武岩赤土地	赤泥地	3 035
61	砖红壤	砖红壤	玄武岩赤土地	赤沙泥地	1 728
62	砖红壤	砖红壤	玄武岩赤土地	赤粘泥地	85 720
63	砖红壤	砖红壤	玄武岩赤土地	铁子赤土地	13 188
64	砖红壤	砖红壤	玄武岩水化砖红壤	厚有机质层厚层玄武岩水化砖红壤	31 611
65	砖红壤	砖红壤	玄武岩水化砖红壤	厚有机质层中层玄武岩水化砖红壤	1 899
66	砖红壤	砖红壤	玄武岩水化砖红壤	厚有机质层薄层玄武岩水化砖红壤	1 804
67	砖红壤	砖红壤	玄武岩水化砖红壤	薄有机质层薄层玄武岩水化砖红壤	383
68	砖红壤	砖红壤	玄武岩水化赤土地	水化赤泥地	633
69	砖红壤	砖红壤	玄武岩水化赤土地	水化赤沙土地	53 200
70	砖红壤	砖红壤	玄武岩水化赤土地	水化铁子赤土地	798
71	砖红壤	砖红壤	玄武岩水化赤土地	水化赤铁子底赤土地	3 038
72	砖红壤	砖红壤	黄赤土地	黄赤沙土地	366
73	砖红壤	砖红壤	花岗岩砖红壤	厚有机质层厚层花岗岩砖红壤	30 278
74	砖红壤	砖红壤	花岗岩砖红壤	厚有机质层中层花岗岩砖红壤	6 605
75	砖红壤	砖红壤	花岗岩砖红壤	厚有机质层薄层花岗岩砖红壤	2 565
76	砖红壤	砖红壤	花岗岩砖红壤	薄有机质层厚层花岗岩砖红壤	682
77	砖红壤	砖红壤	花岗岩砖红壤	中有机质层厚层花岗岩砖红壤	18 243
78	砖红壤	砖红壤	红赤土地	红赤沙土地	514
79	砖红壤	砖红壤	红赤土地	红赤沙泥土	101 299
80	砖红壤	砖红壤	红赤土地	红沙子土地	1 538

（续表）

编号	土类	亚类	土属	土种	面积（亩）
81	砖红壤	砖红壤	砂页岩砖红壤	厚有机质层厚层砂页岩砖红壤	49 832
82	砖红壤	砖红壤	砂页岩砖红壤	上位铁子厚有机质层厚层砂页岩砖红壤	7 590
83	砖红壤	砖红壤	砂页岩砖红壤	厚有机质层中层砂页岩砖红壤	22 975
84	砖红壤	砖红壤	砂页岩砖红壤	厚有机质层薄层砂页岩砖红壤	13 084
85	砖红壤	砖红壤	砂页岩砖红壤	薄有机质层厚层砂页岩砖红壤	1 252
86	砖红壤	砖红壤	砂页岩砖红壤	中有机质层厚层砂页岩砖红壤	24 733
87	砖红壤	砖红壤	砂页岩砖红壤	中位石砾中有机质层厚层砂页岩砖红壤	1 511
88	砖红壤	砖红壤	砂页岩砖红壤	中有机质层薄层砂页岩砖红壤	33 209
89	砖红壤	砖红壤	砂页岩砖红壤	中有机质层中层砂页岩砖红壤	20 528
90	砖红壤	砖红壤	黄红赤土地	黄红沙土地	68 018
91	砖红壤	砖红壤	黄红赤土地	上位铁子黄红沙土地	5 490
92	砖红壤	砖红壤	黄红赤土地	上位砾石黄红沙土地	4 628
93	砖红壤	砖红壤	黄红赤土地	黄红沙泥地	55 762
94	砖红壤	砖红壤	黄红赤土地	黄红赤土地	7 325
95	砖红壤	砖红壤	花岗岩水化砖红壤	厚有机质层厚层水化花岗岩砖红壤	14 918
96	砖红壤	砖红壤	花岗岩水化砖红壤	厚有机质层中层水化花岗岩砖红壤	546
97	砖红壤	砖红壤	花岗岩水化砖红壤	厚有机质层薄层水化花岗岩砖红壤	1 067
98	砖红壤	砖红壤	水红赤土地	水化红赤泥地	3 174
99	砖红壤	砖红壤	水红赤土地	水化红赤沙泥地	7 525
100	砖红壤	砖红壤	砂页岩水化砖红壤	厚有机质层厚层砂页岩水化砖红壤	4 008
101	砖红壤	砖红壤	砂页岩水化砖红壤	厚有机质层中层砂页岩水化砖红壤	5 571
102	砖红壤	砖红壤	砂页岩水化砖红壤	厚有机质层薄层砂页岩水化砖红壤	263
103	砖红壤	砖红壤	砂页岩水化砖红壤	中有机质层中层砂页岩水化砖红壤	607
104	砖红壤	砖红壤	水化黄红赤土地	水化黄红沙土地	1 685
105	砖红壤	砖红壤	水化黄红赤土地	水化黄红沙泥地	8 037
106	砖红壤	砖红壤	水化黄红赤土地	水化黄红赤土地	2 404

（续表）

编号	土类	亚类	土属	土种	面积（亩）
107	砖红壤	砖红壤	火山灰玄武岩幼龄砖红壤	薄有机质层薄层火山灰玄武岩砖红壤	6 068
108	砖红壤	砖红壤	火山灰玄武岩幼龄赤土地	幼龄赤土地	8 653
109	砖红壤	砖红壤	火山灰玄武岩幼龄赤土地	幼龄赤泥地	9 536
110	砖红壤	砖红壤	火山灰玄武岩幼龄赤土地	幼龄赤粘土地	13 921
111	砖红壤	砖红壤	火山灰玄武岩幼龄赤土地	铁子幼龄赤土地	11 251 232
112	砖红壤	砖红壤	火山灰玄武岩幼龄赤土地	铁子底幼龄赤粘土地	8 237
113	砖红壤	砖红壤	火山灰玄武岩幼龄赤土地	砾石幼龄赤土地	5 042
114	潮沙泥土	潮沙泥土	潮沙泥土	潮沙土	2 263
115	潮沙泥土	潮沙泥土	潮沙泥土	潮泥土	905
116	潮沙泥土	潮沙泥土	潮沙泥土	潮泥土	2 260
117	潮沙泥土	潮沙泥地	潮沙泥地	潮沙地	95
118	石质土	石质土	石质土	石质土	

三、各土类概况

（一）水稻土

定安县水稻土主要由浅海沉积物、玄武岩、砂页岩、火山灰玄武岩、花岗岩等母质母岩发育而成，是在人们长期水旱交替耕作条件下形成的具有独特剖面层次和理化性状的耕作土壤。水稻土大部分分布在海拔20~100米较为平坦的垌、坑和洋田上。灌溉条件较好，全县水稻土面积235 621亩，其中地方部分195 368亩，国营农场部分40 253亩，占土地总面积13.2%，占耕地总面积33.66%，因水耕熟化程度不同和成土母质的差异，划分为5个亚类23个土属52个土种。

1. 淹育型水稻土亚类

淹育型水稻土亚类水耕时间短，犁底层形成差，淋溶淀积不明显。剖面层次为A—P—C或A—C型，有浅脚赤土田，浅脚火山灰田，浅脚红赤土田，浅脚白赤土田，生土田五个土属。面积9 879.5亩，占水稻5.06%，主要分布在龙门、富文、定城仙沟等地区，所处的位置较高，灌溉困难多为单造田，望天田和部分新垦改种的高田。分为浅脚赤土田、铁盘底田等 8 个土种。

2. 潴育型水稻土亚类

定安县潴育型水稻土亚类面积 183 577 亩，占水稻土的 77.91%，是定安县分布最广面积最大的一个水稻土亚类。它水耕年代较长，排灌条件好，在长期水旱交替条件下，土壤出现周期性的氧化—还原，在犁底层下形成氧化还原淀积层。潴育型水稻土其剖面构型为 A、P、W、C 型，有些在斑纹层下出现潜育层（G），但潜育层出现在 60 厘米以下。根据成土母质和土壤熟化的程度不同，分为紫泥田、碳质黑泥田、赤土田、火山灰赤土田、红赤土田、白赤土田等 9 个土属 25 个土种。

3. 渗育型亚类

渗育型亚类面积 4 186 亩，占水稻土的 1.77%，分布在龙河、翰林、岭口镇及定城仙沟、富文坡寨等地区一些沟渠或水库下方。受地下水侧渗影响，犁底层下出现白色的漂白层（E 层），有些在 20 厘米处出 E 层，漏水漏肥严重，有些在 50 厘米处才出现 E 层，对水稻生长也有一定的影响。根据 E 层是高岭土层，还是白沙层及出现深浅和肥力高低，分为白鳝泥田、沙漏田 2 个土属 3 个土种。

4. 潜育型水稻土亚类

潜育型水稻土亚类面积 30 636 亩，占水稻土总面积的 12.5%，多分布在谷底或坑田的低洼部位。由于地下水位高，60 厘米以内出现一个灰黄或青灰色的潜育层，剖面层次层次为 A、P、W、G 或 A、P、G 或 A、P、G、W，根据其潜育化程度不同，分为冷底田、乌泥底田、青泥格田、低青泥田 4 个土属 7 个土种。

5. 沼泽型水稻土亚类

沼泽型水稻土亚类面积 2 283 亩，占水稻土面积 0.8%，分布在龙河、翰林、龙门、岭口等个别低洼的坑涝中。地理位置较低，地下水位高，剖面层次为 A-G、A-P-G 或 AG-G，有不少犁底层不明显，有的耕层下就出现青灰黄色糊状的潜育层，整个土体长年处于渍水冷浸还原状态，不通气，亚铁反应强烈，偏酸，耕作困难。稻苗不发棵，黑很多，年亩产不足 300 千克的占 61%，有的单产只有 75 千克。根据水热状况不同，分为烂涝田、冷浸田、渍水田 3 个土属。深涝田，冷浸田，渍水田 3 个土种。

（二）旱地土壤

旱地土壤是自然土壤经人们开垦种植作物在旱耕条件下形成的，全县旱地土壤面积 464 652 亩，占土地总面积的 26%。其中旱坡地 170 681 亩，占土地总面积的 9.6%，园林地 293 731 亩，占 16.4%。旱地土壤有砖红壤和潮沙土 2 个土类 2 个亚类 9 个土属 26 个土种 2 个变种。

（三）自然土壤

自然土壤有砖红壤、潮沙泥土、石质土 3 个土类，面积 385 215 亩，占土地总面积

21.58%，成土母质有玄式岩、火山灰玄式岩、花岗岩、砂页岩。在这些母岩上分别发育形成玄武岩砖红壤、玄武岩水化砖红壤、花岗岩砖红壤、花岗岩水化砖红壤、砂页岩砖红壤、砂页岩水化砖红壤、火山灰玄武岩幼龄砖红壤、潮沙泥土、石质土9个土属34个土种3个变种。

四、土壤分布规律

土壤水平分布主要受母质及人为耕作活动的影响，由东北至西南依次分布为浅海沉积物发育而成的黄赤土、砂页岩发育而成的黄红赤土、玄武岩发育的赤土、火山灰发育而成的幼龄赤土、花岗岩发育而成的红赤土。

全县土壤垂直分布不明显。在自然因素影响，特别是在人类开垦利用，在旱作条件下形成了旱坡地，在地势平坦的洋、垌、坑及河流两岸水利条件较好的地区，经人类长期水耕熟化，逐步形成了有独特剖面形态和肥力特征的水稻土，在一些高坑地方，未经人们垦植仍然保留着自然土的特性。

第三节　农田基础设施状况

一、水利基础设施

定安县水利建设以蓄水灌溉工程为主，侧重解决农业生产用水和抵御干旱的威胁。20世纪50年代初，定安县组织力量进行水利普查，开展群众性小型水利运动。各自然村、互助组在田头低洼处挖塘、打井，筑堤建坝，蓄水灌溉。1956年1月5日，全县开工兴建定安县第一宗灌溉万亩农田工程——龙州河水坝及配套设施。同时，各区乡、高级社也联合兴建流长等小型水库。1957年，兴建封浩等水坝工程。至1958年，全县共有平塘、坑塘、山塘、井等塘坝1 049宗，灌溉面积28 000多亩。这些工程抗旱效能低下，大多有效使用期不足30天。1959年后不再建此类工程。1958—1960年，动工兴建三旬、良世、保山等小型水库和南扶、白塘两宗中型水库。1961—1966年，贯彻中央提出的"调整、巩固、充实、提高"国民经济调整方针和"小型为主、全面配套、狠抓管理、更好服务"的水利方针，除对已建工程进行加建反滤体，加长涵管，培厚土坝外，还将九陂塘扩建为小（一）型水库，将槟榔山、乌盖岭等22宗扩建为小（二）型水库。1969年后，兴建麻罗岭、黄威东、班马等一批小（一）型、小（二）型水库。至1985年底，全县建有中、小型水库87宗，设计总库容1 855.25万立方米，灌溉库容12 670.52万立方米；塘坝41宗。此后除1995年兴建麻江小（二）型水库外，主要是对已有工程进行完善配套加固。

1996 年，全县有完好运用小（二）型以上蓄水工程 88 宗，控制集雨面积 185.86 平方千米，设计总库容 18 562.95万立方米，正常库容 16 448.03万立方米，有效灌溉面积 121 324亩，占全县水利设施设计灌溉面积的 58.98%。其中，中型水库 2 宗，控制集雨面积 75.15 平方千米，设计总库容 10 342万立方米，设计灌溉面积 94 046亩，实际灌溉面积 58.629亩；小（一）型水库 22 宗，设计总库容 5 905.60万立方米，控制集雨面积 67.26 平方千米，设计灌溉面积 77 523亩，实际灌溉面积 48 705亩；小（二）型水库 64 宗，控制集雨面积 43.45 平方千米，设计总库容 2 295.35万立方米，设计灌溉面积 34 119亩，实际灌溉面积 13 990亩。

二、水土保持

定安县水土流失少，位置分散，块面小，多属少年期。据 1957 年调查，全县水土流失面积 8.33 平方千米，主要分布在龙州河流域，温村水下游和巡崖河中下游。较为严重的是新竹镇的新序、大石、铜鼓岭、丰保一带和定城镇的美钗坡、上村岭、村子岭、排圮岭、排岭坡和白芒岭一带地区，其次是富文镇的大里、富文墟等地方。一般是几十亩至几百亩，最大的不过三四百亩。其余大部分地区植被良好。

引起水土流失的自然因素首先是有些地方集雨面积大，坡度较陡，雨量集中，地面径流量大且急，冲刷剧烈，带走表土；砂石裸露，温度高，岩石风化严重，土壤疏松干燥，凝聚力弱，生物生长不良，植被遭破坏，不易恢复。开始呈面状流失，逐步发展成沟状流失。其次是人为的破坏森林和草皮，不合理开荒耕作，开山筑路、淘金、采石、垦殖，还有对取土场所与排水沟处理不当，地面径流过于集中，又不进行消能处理，引起冲刷和水土流失。

水土面状流失一般在大雨时节，常常冲刷下含有铁锈的红泥土，影响农作物生长，造成产量不高。国营金鸡岭农场曾因开荒耕作不合理，引起红泥冲填灌溉渠道和农田，使 40 多亩农田受害，无法耕作。

1964 年后，根据县水土流失的原因和侵蚀类型的特性，主要在新竹的新序、大石、铜鼓岭及定城镇的美钗坡、村子岭、排圮岭因地制宜以林业措施为主，采用林业、水利、农业措施相结合进行治理 10.70 平方千米。在流失区大力植造防护林（包括水土保持林、水源林、防风林及各种林带）保护地面，防风固沙，调节水分，同时植被落叶可以增加土壤有机质与团粒结构，提高土壤肥力，增加土壤抗蚀性。其次是修建截洪沟工程，就地拦截地面径流，有计划地排泄，尽量防止水流集中，改变坡度坡长，增加粗糙率，减缓径流速度，降低水流动能，消减其冲刷力。再是修建谷防，借以缓流拦沙，稳定崩坡，制止侵蚀。经过治理，水土流失情况得到控制。1996 年后，全县没有发生重大水土流失现象。

三、农业机械

定安县是传统农业县,政府向来都非常重视和注重发展农业,20世纪50年代后期开始引进部分拖拉机和双铧犁推广使用。1961年底,全县拥有农业耕作机械690马力、运输机械840马力,还有碾米机11台。20世纪70年代,全县农业机械发展较快。1977年底,农业机械总动力17 942马力,其中耕作机械6 502马力、收获机械391马力、排灌机械4 158马力、农产品加工机械5 026马力、运输机械1 230马力、其他机械635马力。1978年,全县拥有拖拉机357台7 058马力、农产品加工机械316台6 395马力、排灌机械133台5 242马力、脱粒机1 752台、运输挂车218辆,机耕面积8 234亩。十一届三中全会后,农村经济发展很快,个体农民和联合使用的农业机械数量与日俱增。1985年,全县拥有农业机械总动力共有44 264马力,其中耕作机械17 872马力、排灌机械3 621马力、收获机械125马力、农副产品加工机械15 850马力、运输机械6 796马力。1996年,全县农业机械总动力为58 667马力(折合43 120千瓦),并且第一次引进推广神牛254胶轮机配桂林4号联合收割机与上海-50和504胶轮机配桂林3号收割机进行水稻联合收割。

第四章　耕地土壤属性

第一节　有机质及大量元素

土壤养分是土壤肥力的核心部分，全面客观地评价农田土壤的实际养分水平是科学施肥的依据。依据国家耕地地力评价项目要求，对海南省定安县 10 个镇的 2 603 个土样进行分析。其分析处理数据为农户施肥提供了依据。主要测定结果见表 4-1。

表 4-1　定安县各镇土壤养分状况

项目	采样数	pH	有机质 （g/kg）	碱解氮 （mg/kg）	有效磷 （mg/kg）	速效钾 （mg/kg）
定城镇	353	5.39	17.6	94.04	67.98	42.98
富文镇	284	4.98	13.2	69.97	13.56	35.72
翰林镇	215	4.73	28.5	141.87	9.85	55.42
黄竹镇	248	4.77	29.0	118.95	14.62	53.45
雷鸣镇	214	4.88	17.4	64.88	22.44	27.83
岭口镇	291	5.07	27.0	118.68	8.99	48.58
龙河镇	279	4.88	28.5	128.38	8.93	46.00
龙湖镇	325	4.90	15.7	78.66	15.32	31.05
龙门镇	299	4.91	32.2	170.15	7.04	40.81
新竹镇	95	5.26	23.0	60.42	19.07	37.37
标准差	—	0.21	6.7	36.77	17.95	9.16
变异系数	—	4.23	28.96	35.15	95.60	21.84

一、土壤有机质含量

土壤有机质含量多少是土壤肥力高低的一项重要指标。土壤有机质不仅是土壤中各种营养元素特别是 N、P 的重要来源，而且使土壤具有保肥力和缓冲性，从而改善土壤的物理性质。全县共采集以水稻土为主的耕地土壤样本 2 603 个。分析结果（表 4-2）表明，耕层土壤有机质含量范围为 0.1～126.1 克每千克，平均为 23.0 克每千克，标准差 15.7，变异系数 68.4%。

表 4-2 定安耕地土壤有机质含量状况

分级	标准（g/kg）	样次	频率（%）	平均（g/kg）
一级	>40	294	11.29	56.2
二级	30~40	324	12.45	34.7
三级	20~30	635	24.39	24.4
四级	10~20	897	34.46	15.4
五级	6~10	222	8.53	7.9
六级	<6	231	8.87	4.0
总计				23.0

按照第二次土壤普查养分分级标准分级，达 2~4 级标准的有 1 856 个，占 71.30%，其中四级的占 34.46%，而达二级和三级标准分别占 12.45% 和 24.39%。根据 2 603 个土样的结果可知，定安各镇中，土壤有机质含量最高的为龙门镇，其土壤有机质含量为 32.2 克每千克，而富文镇含量最低，为 13.2 克每千克，各乡镇之间的标准差为 6.7 克每千克，其变异系数为 28.96%，从其标准差和变异系数来看定安 10 个镇的土壤有机质含量差别不显著。按土壤养分分级标准（表 4-2）对定安土壤有机质含量进行分级，其平均值为土壤三级标准，含量最高的龙门镇属于二级标准，含量最低的富文镇属于四级标准；全部样品分析结果表明，大部分处于第二、三、四等级，第二等级的占 12.45%，第三等级的占 24.39%，第四等级为 34.46%。依据海南土壤丰缺指标分级，所分析的 2 603 个土样中有 17.40% 属于有机质缺乏，23.74% 的属于丰，58.96% 属于中间水平；可见，定安县耕地土壤有机质含量属中等水平。

调查表明，不同土种耕地耕层土壤有机质的变化较大（表 4-3），中位铁子中有厚层玄武岩砖红壤有机质含量水平最高，其平均含量为 100.4 克每千克，而含量最低的黑坼土田仅为 0.7 克每千克。

表 4-3 不同土种耕地土壤有机质含量状况

土种	最小（g/kg）	最大（g/kg）	平均（g/kg）	标准差（g/kg）	变异系数（%）
黑坼土田	0.7	0.7	0.7	—	—
黑泥底田	3.0	3.0	3.0	—	—
灰潮沙泥土	1.2	1.2	1.2	—	—
灰黄页沙泥	5.5	5.5	5.5	—	—
冷底田	4.7	4.7	4.7	—	—
浅海底青泥田	3.6	3.6	3.6	—	—

（续表）

土种	最小（g/kg）	最大（g/kg）	平均（g/kg）	标准差（g/kg）	变异系数（%）
渍水田	13.8	13.8	13.8	—	—
厚有机质层厚层玄武岩水化砖红壤	0.3	72.2	5.2	13.8	268.1
厚有机质层中层水化花岗岩砖红壤	0.3	36.7	4.0	8.9	225.1
灰麻赤沙泥土	0.2	36.8	5.0	10.9	219.1
灰幼令赤泥	0.5	43.2	4.3	9.3	215.5
黑沙坜田	0.3	48.8	6.9	14.8	212.5
玄武岩石质土	0.7	35.8	5.0	10.3	203.9
赤粘土地	0.2	100.2	7.3	14.7	203.1
赤坜土田	0.6	84.4	9.4	19.0	202.3
中位铁子中有中层玄武岩砖红壤	1.1	3.1	29.9	57.7	192.9
深涩田	0.8	78.1	11.1	21.2	191.1
页沙土地	0.1	74.0	5.4	10.0	185.1
灰幼令赤土	0.2	24.3	2.3	4.2	183.8
页沙泥土田	0.3	91.6	5.9	10.8	183.2
麻沙漏田	0.3	44.6	6.3	11.2	177.6
乌黑坜土田	0.4	85.2	15.4	27.3	177.2
灰幼令赤粘土	0.2	63.5	7.1	12.4	174.2
赤泥地	0.4	25.2	5.4	9.1	168.3
上位铁子页沙土地	0.3	48.3	6.5	10.9	166.7
冷浸田	0.8	41.0	7.4	12.3	165.8
页泥肉田	0.9	32.4	5.7	9.5	165.2
页沙土田	0.4	89.1	8.1	13.2	163.9
厚有机质层厚层水化花岗岩砖红壤	0.6	37.2	7.5	11.9	157.9
厚有机质层厚层砂页岩砖红壤	0.6	22.1	2.7	4.3	156.6
中有机质层厚层砂页岩砖红壤	0.7	15.6	2.6	4.1	156.6
页沙漏田	1.1	52.3	7.8	12.2	155.8
页沙泥地	0.1	31.8	3.2	4.8	151.4
白鳝泥田	1.2	22.1	6.8	10.2	150.5
黄赤沙土地	0.4	77.0	13.4	19.7	147.0
厚有机质层薄层砂页岩砖红壤	0.3	18.6	1.8	2.7	145.8
浅脚页泥沙田	1.5	68.7	13.9	20.3	145.2
麻沙土田	1.9	29.9	11.3	16.2	143.4
中有机质层薄层砂页岩砖红壤	0.2	31.4	5.5	7.8	142.7

（续表）

土种	最小 （g/kg）	最大 （g/kg）	平均 （g/kg）	标准差 （g/kg）	变异系数 （%）
厚有机质厚层花岗岩砖红壤	0.2	9.8	3.1	4.4	142.6
彩土田	3.9	63.0	23.8	33.9	142.5
灰铁子幼令赤土	0.2	23.6	4.4	6.3	142.2
上位砾石页沙土地	0.8	33.9	5.0	7.0	141.4
灰黄赤土赤沙泥	1.3	26.1	5.3	7.3	137.4
中有机质厚层花岗岩砖红壤	1.1	35.5	18.3	24.3	132.9
顽泥田	1.8	32.4	12.8	17.0	132.4
页乌泥土田	2.2	21.2	8.6	10.9	126.5
麻土田	0.0	61.7	13.5	16.9	124.6
页粘土田	0.8	27.4	3.3	4.1	124.5
灰砾石幼令赤土	0.2	52.7	12.7	15.8	123.9
灰麻赤沙土	1.1	20.0	5.0	6.2	122.6
赤土田	0.2	89.9	24.9	29.4	118.0
上位铁子厚有机质层厚层砂岩砖红壤	2.7	26.9	14.8	17.1	115.6
赤沙泥田	1.3	16.0	7.1	7.8	110.1
赤泥肉田	1.7	47.1	19.3	20.8	107.8
灰麻沙仔土	1.0	52.4	13.0	13.5	104.5
赤青泥格田	0.7	42.8	14.9	15.5	104.3
浅脚黑石土田	0.2	49.6	18.4	18.4	100.3
麻底青泥田	0.7	45.6	17.6	17.2	97.6
厚有机质层中层玄武岩水化砖红壤	24.0	126.1	75.1	72.2	96.1
赤底青泥田	0.4	73.7	26.5	25.0	94.3
乌泥底田	0.5	74.9	23.1	21.0	90.9
灰铁子底幼令赤粘土	0.4	63.7	23.5	20.8	88.4
浅脚麻沙泥田	8.4	25.0	14.6	9.1	61.9
页底青泥田	1.3	8.2	3.0	1.7	56.4
浅脚页沙土田	1.4	6.6	3.3	1.8	56.1
厚有机质层中层砂页岩砖红壤	0.6	3.1	1.7	0.9	53.8
中位铁子中有厚层玄武岩砖红壤	0.5	2.5	100.4	45.1	45.0
紫沙泥田	34.7	73.6	49.7	20.9	42.2
浅海赤土田	0.8	2.7	1.8	0.6	34.4
乌赤土田	2.1	3.3	2.7	0.8	30.6
薄有机质层厚层砂页岩砖红壤	1.3	2.1	1.7	0.5	30.3

（续表）

土种	最小 （g/kg）	最大 （g/kg）	平均 （g/kg）	标准差 （g/kg）	变异系数 （%）
薄有机质层薄层火山灰玄武岩砖红壤	33.8	59.4	50.3	14.3	28.5
浅脚赤土田	2.9	4.4	3.6	1.0	28.3
中位铁子中有薄层玄武岩砖红壤	0.7	1.7	1.8	0.5	28.0
黄赤粘土田	1.7	5.1	3.4	0.9	27.0
浅海赤沙泥田	1.0	2.3	1.7	0.4	20.9
浅脚半沙坜田	1.7	3.5	2.7	0.5	19.7
生赤土田	63.4	64.6	64.0	0.8	1.3

二、土壤氮素含量

土壤碱解氮的平均含量 107.37 毫克每千克，其变幅范围为 0.50~683.70 毫克每千克，10 个镇的标准差为 36.77，变异系数为 35.15%。分析结果表明其变化幅度不大，其中以龙门镇碱解氮含量最高，其含量为 170.15 毫克每千克，而新竹镇含量最低，仅为 60.42 毫克每千克。从表 4-1 可知，翰林镇、龙河镇、黄竹镇、岭口镇和定城镇土壤碱解氮含量相对较高，雷鸣镇和龙湖镇则相对较低。

按土壤养分分级标准（表 4-4），定安县土壤碱解氮含量为中等偏上水平，第一等级比例为 20.90%，二、三等级分别占 12.26% 和 19.59%，第四和第五等级为 20.40% 和 19.63%，第六等级比例较低，仅为 7.22%。定安土壤碱解氮含量在 120 毫克每千克以上的土壤为 33.16%；60~120 毫克每千克的占 39.99%；低于 60 毫克每千克的比例为 26.85%，综上，定安县耕地土壤碱解氮含量水平为中等偏上。

表 4-4　定安耕地土壤碱解氮含量状况

分级	标准（mg/kg）	样次	频率（%）	平均（mg/kg）
一级	>150	544	20.90	215.05
二级	120~150	319	12.26	132.24
三级	90~120	510	19.59	104.37
四级	60~90	531	20.40	74.96
五级	30~60	511	19.63	45.52
六级	<30	188	7.22	21.42
总计				107.32

不同的土种碱解氮含量差异性较大（表 4-5），生赤土田土壤碱解氮含量最高，其含

量均值达 208.7 毫克每千克，中位铁离子中有机质层厚层玄武岩砖红壤和中位铁离子中有机质薄层玄武岩砖红壤的碱解氮含量均较低，其含量均值均低于 20 毫克每千克。

表 4-5　不同土种耕地土壤碱解氮含量状况

土种	最小（mg/kg）	最大（mg/kg）	平均（mg/kg）	标准差（mg/kg）	变异系数（%）
黑坹土田	33.3	33.3	33.3	—	—
黑泥底田	138.5	138.5	138.5	—	—
灰潮沙泥土	100.3	100.3	100.3	—	—
灰黄页沙泥	271.1	271.1	271.1	—	—
冷底田	130.3	130.3	130.3	—	—
浅海底青泥田	93.6	93.6	93.6	—	—
渍水田	49.7	49.7	49.7	—	—
中位铁子中有厚层玄武岩砖红壤	75.5	220.8	13.0	29.5	226.6
厚有机质层中层玄武岩水化砖红壤	38.6	299.5	169.0	184.5	109.1
浅脚页沙土田	90.1	683.7	215.9	213.9	99.0
灰铁子底幼令赤粘土	27.3	460.5	109.1	99.2	90.9
薄有机质层薄层火山灰玄武岩砖红壤	68.3	409.2	203.3	181.1	89.1
灰麻赤沙泥土	17.1	172.3	75.6	67.2	88.9
上位铁子页沙土地	10.6	456.3	107.0	90.0	84.2
黄赤沙土地	27.6	544.9	155.4	125.0	80.4
页底青泥田	42.6	456.1	134.5	100.1	74.4
麻土田	19.5	393.8	95.2	68.6	72.1
上位砾石页沙土地	17.0	292.0	106.5	74.2	69.6
灰幼令赤粘土	1.1	215.1	57.0	38.8	68.1
页沙漏田	0.6	213.2	96.2	63.8	66.3
页沙泥地	0.5	247.9	82.8	53.8	65.0
页沙土地	0.0	407.9	104.4	67.2	64.4
厚有机质层薄层砂页岩砖红壤	0.0	208.3	78.8	49.2	62.5
玄武岩石质土	21.3	223.5	86.1	53.5	62.2
灰幼令赤土	14.2	135.8	57.4	35.6	62.1
赤坹土田	24.7	385.0	115.9	71.4	61.6
厚有机质层中层水化花岗岩砖红壤	33.0	203.6	57.4	35.3	61.5
灰黄赤土赤沙泥	40.6	293.2	113.7	69.7	61.3
灰砾石幼令赤土	20.2	215.9	70.2	42.9	61.1
赤粘土地	5.2	246.6	85.0	52.0	61.1

（续表）

土种	最小（mg/kg）	最大（mg/kg）	平均（mg/kg）	标准差（mg/kg）	变异系数（%）
页沙土田	19.6	326.1	113.9	69.5	61.0
乌黑坜土田	16.4	356.2	131.1	79.4	60.6
厚有机质层厚层玄武岩水化砖红壤	31.1	269.0	122.9	72.1	58.7
页沙泥土田	17.5	446.3	127.4	72.0	56.5
深湴田	23.3	247.9	97.6	53.6	55.0
乌泥底田	28.9	329.2	134.6	73.8	54.8
赤泥地	24.8	212.9	117.9	62.6	53.1
顽泥田	81.7	231.8	147.3	76.8	52.2
生赤土田	178.9	382.6	280.7	144.0	51.3
麻沙漏田	22.4	234.3	93.8	47.7	50.9
灰麻沙仔土	20.3	183.1	70.5	35.8	50.7
中有机质层薄层砂页岩砖红壤	11.5	188.3	75.2	37.5	49.8
麻底青泥田	44.5	305.2	140.8	69.8	49.5
赤青泥格田	27.6	268.8	109.4	53.7	49.1
赤沙泥田	47.5	112.9	72.9	35.1	48.1
厚有机质层厚层砂页岩砖红壤	6.9	216.9	102.6	47.5	46.3
黑沙坜田	25.8	150.5	89.8	41.3	46.0
灰铁子幼令赤土	1.1	111.0	66.8	30.5	45.7
页粘土田	32.4	277.9	145.9	65.4	44.8
浅海赤沙泥田	52.4	271.2	145.3	64.2	44.2
灰麻赤沙土	62.2	243.7	128.4	54.9	42.7
赤土田	14.7	321.8	164.0	69.1	42.1
页泥肉田	17.5	224.8	138.9	57.4	41.3
赤底青泥田	21.0	208.9	114.5	46.7	40.8
麻沙土田	47.9	112.3	89.9	36.4	40.5
厚有机质层中层砂页岩砖红壤	28.9	106.9	67.8	27.2	40.2
浅脚页泥沙田	37.1	146.7	88.9	35.6	40.0
厚有机质层厚层水化花岗岩砖红壤	35.5	127.3	68.9	27.2	39.5
灰幼令赤泥	30.8	150.2	89.7	33.8	37.7
浅脚黑石土田	19.9	109.1	76.6	28.5	37.3
彩土田	125.8	270.3	217.6	79.8	36.7
黄赤粘土田	101.2	316.4	184.4	67.1	36.4
浅脚半沙坜田	42.9	132.7	78.6	28.3	36.0

（续表）

土种	最小 （mg/kg）	最大 （mg/kg）	平均 （mg/kg）	标准差 （mg/kg）	变异系数 （%）
中有机质层厚层砂页岩砖红壤	37.6	108.6	70.5	25.1	35.6
上位铁子厚有机质层厚层砂岩砖红壤	39.3	64.9	52.1	18.2	34.8
白鳝泥田	47.2	112.3	78.0	27.0	34.7
中有机质厚层花岗岩砖红壤	52.7	86.8	69.8	24.2	34.6
中位铁子中有中层玄武岩砖红壤	39.5	226.1	22.4	7.3	32.5
冷浸田	44.0	129.0	89.1	28.4	31.9
厚有机质厚层花岗岩砖红壤	14.5	32.5	22.0	6.9	31.1
浅海赤土田	60.2	185.2	121.4	37.6	31.0
页乌泥土田	64.3	121.0	97.0	29.3	30.3
乌赤土田	57.5	86.8	72.2	20.8	28.8
浅脚麻沙泥田	43.4	68.3	58.2	13.1	22.5
赤泥肉田	100.5	180.9	121.5	27.2	22.4
浅脚赤土田	130.5	174.6	152.6	31.2	20.4
薄有机质层厚层砂页岩砖红壤	101.3	133.8	117.6	23.0	19.5
中位铁子中有薄层玄武岩砖红壤	14.7	133.9	4.9	0.8	15.8
紫沙泥田	85.8	106.5	98.3	11.0	11.2

三、土壤磷素含量

磷素是作物重要的养分，它直接参与植物体中氨基酸、蛋白质、脂肪类合成与转化等一系列生理生化反应，也是磷脂类和核蛋白的重要成分。土壤磷素含量高低一定程度反应了土壤中磷素的贮量和供应能力。

定安县耕地土壤有效磷平均含量为 18.37 毫克每千克，其含量范围为 0.01～404.70 毫克每千克，不同镇耕地土壤有效磷含量分布不均，空间变异性较大，各镇间的土壤有效磷含量变异系数高达 95.6%，定城镇有效磷含量最高（67.98 毫克每千克），翰林镇、岭口镇、龙河镇和龙门镇的含量较低，其含量均低于 10 毫克每千克。结合海南土壤养分含量分级等级和海南土壤磷素丰缺指标，对定安耕地土壤有效磷含量进行分级，结果如表 4-6 所示，各等级均有分布，且第六等级土壤比例最高，为 34.65%，其余等级所占比例均介于 10%～20%。从含量上来看，速效磷含量高于 20 毫克每千克耕地土壤占 24.28%，中等水平的速效磷土壤，即速效磷含量为 5～20 毫克每千克的比例为 30.73%，低于 5 毫克每千克的磷缺乏土壤为 44.98%，由耕地土壤速效磷的丰缺分布可知定安县有效磷含量偏低。

表 4-6　定安耕地土壤有效磷的含量状况

分级	标准（mg/kg）	样次	频率%	平均（mg/kg）
一级	>40	331	12.72	88.79
二级	20~40	301	11.56	28.07
三级	10~20	424	16.29	14.15
四级	5~10	376	14.44	7.22
五级	3~5	269	10.33	3.97
六级	<3	902	34.65	1.26
总计				18.73

　　不同土种对应耕地耕层土壤有效磷的含量存在差异（表4-7），浅海底青泥田的含量最低，仅为0.7毫克每千克，最高的为厚有机质层中层玄武岩水化砖红壤，其含量高达431.2毫克每千克。

表 4-7　不同土种耕地土壤有效磷的含量状况

土种	最小（mg/kg）	最大（mg/kg）	平均（mg/kg）	标准差（mg/kg）	变异系数（%）
黑坜土田	32.9	32.9	32.9	—	—
黑泥底田	5.2	5.2	5.2	—	—
灰潮沙泥土	107.6	107.6	107.6	—	—
灰黄页沙泥	9.6	9.6	9.6	—	—
冷底田	1.2	1.2	1.2	—	—
浅海底青泥田	0.7	0.7	0.7	—	—
渍水田	8.3	8.3	8.3	—	—
厚有机质层厚层砂页岩砖红壤	0.1	363.9	15.3	48.8	319.7
浅脚页泥沙田	1.3	4 047.0	431.2	1 270.7	294.7
厚有机质层厚层玄武岩水化砖红壤	0.0	149.6	15.3	34.5	225.2
中有机质层薄层砂页岩砖红壤	0.2	152.5	18.6	38.8	208.4
浅脚黑石土田	0.5	131.4	15.8	32.8	207.5
赤粘土地	0.0	285.0	23.4	47.8	203.7
浅海赤沙泥田	0.0	191.3	31.2	60.2	192.7
上位铁子页沙土地	0.1	189.0	18.2	35.0	191.8
赤泥地	0.0	86.6	16.4	30.2	184.6
黄赤沙土地	0.0	170.7	25.7	47.2	183.6
赤底青泥田	0.0	64.7	8.4	14.8	175.1

（续表）

土种	最小 （mg/kg）	最大 （mg/kg）	平均 （mg/kg）	标准差 （mg/kg）	变异系数 （%）
灰铁子底幼令赤粘土	0.3	80.8	13.6	23.6	173.2
灰麻沙仔土	0.0	155.2	22.6	39.0	173.0
厚有机质层中层砂页岩砖红壤	0.3	193.3	43.5	74.4	171.1
页沙土地	0.0	236.8	17.7	29.9	169.1
乌黑坜土田	0.3	64.7	8.6	14.6	169.0
厚有机质层中层水化花岗岩砖红壤	0.5	188.2	27.7	46.1	166.8
厚有机质层薄层砂页岩砖红壤	0.2	82.8	12.4	20.0	162.2
页沙漏田	0.7	122.6	20.6	33.3	161.7
页沙泥土田	0.0	202.2	19.0	30.6	161.3
灰麻赤沙土	0.5	38.1	8.2	12.4	150.8
麻沙漏田	0.6	116.4	15.8	23.8	150.7
页沙土田	0.3	137.1	15.2	22.7	149.2
麻土田	0.0	122.8	18.0	26.6	147.6
页粘土田	0.0	126.6	18.9	27.8	147.1
浅海赤土田	0.8	287.2	62.7	91.7	146.4
深淄田	0.3	125.1	22.1	32.3	146.0
玄武岩石质土	0.1	34.0	7.6	11.0	145.5
灰砾石幼令赤土	0.1	124.1	18.1	26.3	145.5
赤土田	0.2	106.3	13.5	19.5	144.7
浅脚页沙土田	1.1	20.9	5.0	7.1	144.3
冷浸田	0.2	34.9	6.4	9.2	144.2
麻沙土田	1.0	91.5	34.9	49.4	141.6
灰麻赤沙泥土	0.6	62.0	14.4	20.3	141.3
上位铁子厚有机质层厚层砂岩砖红壤	0.2	59.1	29.6	41.7	140.7
赤坜土田	0.3	126.7	21.3	29.9	140.2
页沙泥地	0.3	142.2	22.0	30.5	138.7
浅脚麻沙泥田	3.1	54.4	21.3	28.7	134.7
灰铁子幼令赤土	0.4	72.4	13.0	17.2	132.9
灰幼令赤泥	1.9	141.5	25.8	33.8	131.0
灰幼令赤粘土	0.2	129.3	21.4	27.4	128.4
浅脚赤土田	1.9	33.8	17.8	22.6	126.7
浅脚半沙坜田	1.6	136.0	35.0	43.9	125.4
厚有机质层中层玄武岩水化砖红壤	2.0	31.2	16.6	20.7	124.8

（续表）

土种	最小 （mg/kg）	最大 （mg/kg）	平均 （mg/kg）	标准差 （mg/kg）	变异系数 （%）
灰幼令赤土	0.8	111.0	18.6	23.2	124.7
黑沙坳田	0.5	25.9	7.5	9.3	124.5
上位砾石页沙土地	0.0	57.1	12.5	15.0	120.3
页底青泥田	0.3	45.7	10.7	12.8	119.7
灰黄赤土赤沙泥	0.7	75.2	18.3	21.7	118.7
顽泥田	0.0	16.3	7.3	8.3	113.7
赤泥肉田	1.3	21.8	6.4	7.3	113.6
麻底青泥田	0.1	76.5	18.6	20.9	111.9
中有机质层厚层砂页岩砖红壤	0.7	90.3	30.5	33.0	108.0
乌泥底田	0.0	36.9	9.3	9.7	104.5
赤青泥格田	0.5	38.7	10.6	10.4	98.1
薄有机质层厚层砂页岩砖红壤	25.1	119.4	72.3	66.7	92.3
页泥肉田	2.0	64.8	23.7	20.9	88.0
彩土田	0.2	17.2	11.4	9.7	85.5
黄赤粘土田	1.6	40.1	13.3	10.9	81.6
紫沙泥田	1.6	11.4	6.4	4.9	76.2
厚有机质层厚层水化花岗岩砖红壤	1.3	33.5	13.4	9.7	72.6
白鳝泥田	3.1	20.1	10.7	7.6	71.3
中有机质厚层花岗岩砖红壤	4.5	13.6	9.0	6.4	71.2
中位铁子中有薄层玄武岩转红壤	0.0	22.8	43.3	29.8	69.0
厚有机质厚层花岗岩砖红壤	2.5	33.4	19.9	13.2	66.4
乌赤土田	6.4	14.3	10.3	5.6	54.3
薄有机质层薄层火山灰玄武岩砖红壤	1.8	6.2	4.3	2.3	53.0
中位铁子中有中层玄武岩转红壤	0.2	198.2	87.6	41.7	47.6
中位铁子中有厚层玄武岩转红壤	0.1	100.4	159.1	56.7	35.6
页乌泥土田	13.4	26.5	19.2	6.7	35.0
赤沙泥田	45.3	69.3	58.2	12.1	20.7
生赤土田	42.1	42.6	42.4	0.3	0.8

四、土壤钾素含量

钾是植物重要的营养元素。土壤供钾能力与土壤速效钾含量密切相关。因此，了解土壤速效钾含量状况，对合理施用钾肥有重要的意义。

据 2 603 个耕地土壤样品分析结果（表 4-8）可知，定安县速效钾的平均含量为41.97 毫克每千克，其变幅为 1.00～376.30 毫克每千克。不同镇的土壤速效钾含量存在一定差异，各镇间标准差为 9.16，变异系数为 21.84%，翰林镇和黄竹镇含量较高，分别为 55.42 和 53.45 毫克每千克，新竹镇、富文镇、龙湖镇和雷鸣镇速效钾含量则较低，均低于 40 毫克每千克。据海南土壤养分含量分等定级，所有耕地土壤样品中，第六等级所占比例最高，为 63.20%，四、五等级所占比例次之，分别为 20.75% 和 32.50%，一、二、三等级所占比例均低于 5%，分别为 0.58%、0.85% 和 3.46%。第四、五和六等级比例总和高达 95.12%，由此可知定安县耕地土壤速效钾含量水平偏低。

表 4-8　定安耕地土壤速效钾含量状况

分级	标准（mg/kg）	样次	频率%	平均（mg/kg）
一级	>200	15	0.58	258.71
二级	150～200	22	0.85	173.15
三级	100～150	90	3.46	119.23
四级	50～100	540	20.75	66.52
五级	30～50	846	32.50	38.67
六级	<30	1 090	41.87	20.36
总计				41.97

不同土种耕层的速效钾的量空间差异性较大（表 4-9），生赤土田速效钾含量最高，其平均含量为 108.6 毫克每千克，中位铁子中有机质薄层玄武岩砖红壤含量最低，仅为1.2 毫克每千克。

表 4-9　不同土种耕地土壤速效钾含量状况

土种	最小（mg/kg）	最大（mg/kg）	平均（mg/kg）	标准差（mg/kg）	变异系数（%）
黑圻土田	68.3	68.3	68.3	—	—
黑泥底田	25.2	25.2	25.2	—	—
灰潮沙泥土	37.9	37.9	37.9	—	—
灰黄页沙泥	43.4	43.4	43.4	—	—
冷底田	69.8	69.8	69.8	—	—
浅海底青泥田	21.4	21.4	21.4	—	—
渍水田	24.1	24.1	24.1	—	—
中位铁子中有厚层玄武岩砖红壤	28.5	113.8	7.7	10.1	131.9

（续表）

土种	最小 （mg/kg）	最大 （mg/kg）	平均 （mg/kg）	标准差 （mg/kg）	变异系数 （%）
赤沙泥田	10.8	105.0	44.9	52.3	116.5
浅脚页沙土田	22.8	285.5	84.5	90.7	107.4
灰幼令赤土	7.0	219.6	40.1	42.5	106.0
灰麻沙仔土	6.7	176.1	33.2	30.9	93.1
灰幼令赤粘土	8.9	192.5	40.0	36.8	92.1
生赤土田	39.3	177.8	108.6	97.9	90.2
页沙土地	2.9	376.3	42.3	37.6	88.8
薄有机质层厚层砂页岩砖红壤	15.6	63.7	39.7	34.0	85.8
赤坜土田	10.4	201.1	41.5	35.2	84.8
赤粘土地	6.4	209.5	45.4	38.4	84.8
浅脚赤土田	20.4	79.4	49.9	41.7	83.6
厚有机质层厚层玄武岩水化砖红壤	10.0	187.9	44.8	36.9	82.3
厚有机质层中层水化花岗岩砖红壤	11.8	111.9	30.4	24.6	81.0
页沙泥土田	7.1	372.0	44.0	34.7	78.9
深潖田	4.2	114.3	38.9	30.6	78.8
灰幼令赤泥	20.0	189.2	53.8	42.1	78.3
浅脚页泥沙田	23.9	163.3	56.6	42.5	75.0
厚有机质层中层砂页岩砖红壤	11.8	116.0	41.1	30.4	74.1
黑沙坜田	12.1	115.2	46.3	33.3	72.0
厚有机质层厚层砂页岩砖红壤	9.6	150.6	42.4	30.0	70.9
麻沙土田	47.6	167.3	92.5	65.2	70.5
灰黄赤土赤沙泥	19.9	124.8	48.2	33.9	70.2
页沙漏田	9.3	123.3	40.8	27.8	68.1
麻土田	7.6	136.8	45.6	30.8	67.5
乌黑坜土田	13.7	139.9	48.6	32.5	67.0
中位铁子中有中层玄武岩砖红壤	9.6	129.0	52.6	35.1	66.8
上位铁子页沙土地	4.3	128.4	43.7	28.8	65.8
浅脚黑石土田	11.6	105.4	34.6	22.7	65.7
上位砾石页沙土地	8.3	165.1	37.7	24.7	65.7
乌泥底田	22.0	196.1	50.8	33.2	65.4
页沙土田	5.2	144.1	42.5	27.7	65.1

（续表）

土种	最小 （mg/kg）	最大 （mg/kg）	平均 （mg/kg）	标准差 （mg/kg）	变异系数 （%）
浅海赤沙泥田	14.8	114.8	36.2	23.4	64.6
灰砾石幼令赤土	10.9	127.8	38.0	24.3	64.0
赤底青泥田	9.0	127.1	50.8	32.5	63.9
中有机质层厚层砂页岩砖红壤	6.2	88.5	37.0	23.6	63.8
页泥肉田	15.1	95.7	40.8	25.7	62.9
中有机质层薄层砂页岩砖红壤	8.9	105.6	39.0	24.2	62.1
白鳝泥田	12.6	56.0	34.1	21.2	62.1
灰铁子底幼令赤粘土	8.4	89.9	36.7	21.6	58.8
页粘土田	12.0	123.0	40.6	23.8	58.7
厚有机质层厚层水化花岗岩砖红壤	13.8	101.8	50.6	29.3	57.9
赤青泥格田	12.9	107.0	44.0	25.3	57.6
赤土田	9.4	143.7	47.2	27.0	57.3
灰麻赤沙土	8.4	102.0	50.4	28.8	57.2
黄赤沙土地	13.7	126.5	46.6	26.3	56.4
麻沙漏田	12.8	118.2	40.0	22.4	56.1
赤泥肉田	13.9	100.2	47.9	26.7	55.6
赤泥地	10.0	76.4	36.3	19.8	54.6
厚有机质厚层花岗岩砖红壤	7.6	32.6	16.2	8.8	54.1
黄赤粘土田	12.7	103.9	51.3	26.9	52.4
页沙泥地	9.6	85.4	34.5	17.9	51.9
玄武岩石质土	15.8	88.8	44.4	22.9	51.7
页底青泥田	18.7	102.6	46.7	23.5	50.3
顽泥田	40.8	91.3	58.2	28.7	49.3
灰麻赤沙泥土	12.8	51.5	27.2	13.3	48.8
灰铁子幼令赤土	12.8	65.0	32.5	15.7	48.4
麻底青泥田	9.6	77.2	41.3	19.9	48.1
浅海赤土田	18.6	67.4	33.8	16.0	47.4
厚有机质层薄层砂页岩砖红壤	0.0	52.9	27.0	12.4	46.1
彩土田	32.2	84.6	60.2	26.4	43.9
冷浸田	19.1	78.8	42.1	16.2	38.5
中有机质厚层花岗岩砖红壤	35.5	60.7	48.1	17.9	37.1

（续表）

土种	最小（mg/kg）	最大（mg/kg）	平均（mg/kg）	标准差（mg/kg）	变异系数（%）
中位铁子中有薄层玄武岩砖红壤	11.1	37.1	1.2	0.4	34.8
薄有机质层薄层火山灰玄武岩砖红壤	20.8	40.1	31.3	9.8	31.2
乌赤土田	40.6	63.6	52.1	16.2	31.1
紫沙泥田	30.3	52.0	42.1	10.9	26.0
浅脚半沙坉田	24.8	46.2	31.9	7.0	22.0
上位铁子厚有机质层厚层砂岩砖红壤	41.3	55.1	48.2	9.8	20.3
浅脚麻沙泥田	16.6	24.1	19.7	3.9	20.1
页乌泥土田	23.4	25.4	24.3	1.0	4.2
厚有机质层中层玄武岩水化砖红壤	51.9	52.8	52.3	0.6	1.2

五、土壤养分含量变化

本次调查与全国第二次普查对比（表4-10）表明，定安耕地土壤有机质没有显著变化，仅一级耕地比例略有增加（图4-1），有机质含量属于第四等级的比例最高，分别为34.46%和31.56%。土壤碱解氮含量各等级分布比例均有不同程度的变化，其中一级比例显著增加，增加16.45%，其余各等级比例略有降低（图4-2）。土壤有效磷含量在不同等级间的增减比例不同（图4-3），一、二级比例略有增加，三级比例基本未变化，四、五和六级比例均有不同程度的降低。两次调查结果表明，土壤速效钾含量的等级分布类似，一、二、三级土壤比例均较低，且本次调查低于第二次土壤普查，六级土壤比例显著高于二次土壤普查（图4-4）。

表4-10　本次调查与第二次土壤普查土壤养分含量等级百分比对照　　　（%）

等级	有机质		碱解氮		有效磷		速效钾	
	本次调查	第二次普查	本次调查	第二次普查	本次调查	第二次普查	本次调查	第二次普查
一级	11.29	4.98	20.90	4.45	12.72	5.56	0.58	4.17
二级	12.45	16.31	12.26	14.28	11.56	3.95	0.85	2.41
三级	24.39	25.83	19.59	22.75	16.29	16.57	3.46	9.81
四级	34.46	31.56	20.40	24.84	14.44	17.57	20.75	30.12
五级	8.53	14.00	19.63	26.13	10.33	11.97	32.5	31.17
六级	8.87	7.32	7.22	7.54	34.65	44.38	41.87	24.48

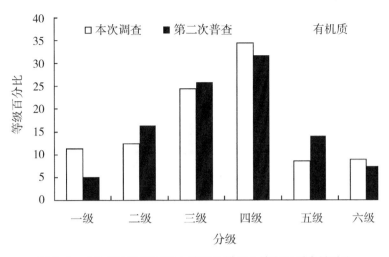

图 4-1　本次调查与第二次土壤普查耕地土壤有机质含量对比

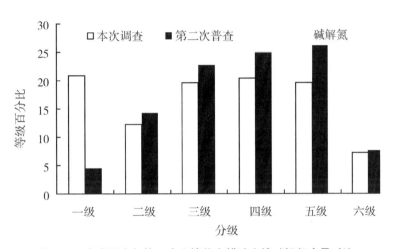

图 4-2　本次调查与第二次土壤普查耕地土壤碱解氮含量对比

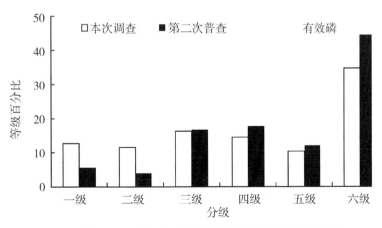

图 4-3　本次调查与第二次土壤普查耕地土壤有效磷含量对比

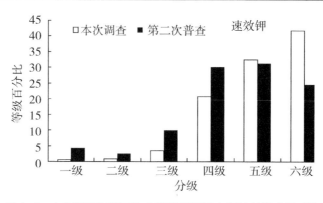

图 4-4 本次调查与第二次土壤普查耕地土壤速效钾含量对比

第二节 中微量元素

中微量元素大多是植物体内促进光合作用、呼吸作用以及物质转化作用等的"酶"或"辅酶"的组成部分，在植物体内非常活跃。当提供植物营养元素的土壤中某种中微量元素不足时，植物会出现"缺乏病状"使农作物产量减少，品质下降，严重时甚至颗粒无收，因此正确把握耕地土壤中中微量元素的含量分布是保证农作物生产必不可缺的关键一步，定安县各镇土壤中微量元素分布状况见表 4-11。

表 4-11 定安县各镇土壤中微量元素分布状况 （mg/kg）

项目	样点	交换性钙	交换性镁	有效硫	有效铁	有效锌	有效锰	有效铜
定城	65	742.22	58.39	48.19	674.00	4.53	22.11	3.21
富文	33	479.24	41.77	37.92	173.92	7.13	16.64	0.58
翰林	17	142.65	61.15	48.52	497.15	2.24	38.45	0.71
黄竹	57	630.08	91.20	53.37	—	4.48	—	—
雷鸣	33	411.32	25.85	26.56	163.65	1.76	7.41	0.37
岭口	28	349.66	78.65	24.98	421.23	3.02	90.39	1.10
龙河	35	685.73	141.99	28.03	171.82	4.18	28.77	1.19
龙湖	33	390.99	60.32	30.88	—	3.05	—	—
龙门	38	1 146.18	205.56	30.88	158.97	2.99	43.01	2.48
新竹	27	639.25	77.37	39.42	689.99	4.19	32.85	2.36
标准差	—	274.75	52.88	10.23	232.51	1.52	25.22	1.04
变异系数	—	48.91	62.78	27.73	63.04	40.45	72.15	69.59

一、土壤交换性钙含量

根据本次调查分析结果可知，定安县耕地土壤中耕层交换性钙含量范围为4.16~3 151.10毫克每千克，其平均含量为610.60毫克每千克，标准差为463.87毫克每千克，变异系数为75.97%，定安县耕地土壤交换性钙含量空间差异性较高。

根据土壤养分分级标准对定安耕地耕层土壤交换性钙进行分级，结果如表4-12所示，达一级标准的有55个，占全部样品的15.03%，二级标准56个，占15.30%，达到三级标准的样品为68个，占18.58%，四级标准样次最高，为110个，占30.05%，五级标准77个，占21.04%。不同等级交换性钙含量均有分布，但低等级相对较高，故定安县耕地土壤交换性钙含量属中等偏下水平。

表4-12 定安耕地土壤交换性钙的含量状况

分级	标准（mg/kg）	样次	频率（%）	平均（mg/kg）
一级	>1 000	55	15.03	1 475.42
二级	700~1 000	56	15.30	831.81
三级	500~700	68	18.58	584.86
四级	300~500	110	30.05	404.35
五级	<300	77	21.04	149.39
总计				610.6

定安县不同土种的耕层交换性钙的含量变异性也较高（表4-13），含量最低的为厚有机质层厚层水化花岗岩砖红壤，其含量为85.7毫克每千克，含量最高的为中位铁子中有机质厚层玄武岩砖红壤，其含量为1 362.8毫克每千克。

表4-13 不同土种耕地土壤交换性钙的含量状况

土种	最小（mg/kg）	最大（mg/kg）	平均（mg/kg）	标准差（mg/kg）	变异系数（%）
白鳝泥田	777.9	777.9	777.9	—	—
赤底青泥田	252.0	252.0	252.0	—	—
赤沙泥田	385.6	385.6	385.6	—	—
黑沙坜田	336.4	336.4	336.4	—	—
厚有机质层厚层水化花岗岩砖红壤	85.7	85.7	85.7	—	—
厚有机质层中层砂页岩砖红壤	443.1	443.1	443.1	—	—
厚有机质层中层水化花岗岩砖红壤	305.9	305.9	305.9	—	—
灰潮沙泥土	799.8	799.8	799.8	—	—

（续表）

土种	最小（mg/kg）	最大（mg/kg）	平均（mg/kg）	标准差（mg/kg）	变异系数（%）
灰砾石幼令赤土	785.1	785.1	785.1	—	—
灰麻沙仔土	357.8	357.8	357.8	—	—
灰铁子底幼令赤粘土	456.7	456.7	456.7	—	—
冷底田	707.9	707.9	707.9	—	—
麻底青泥田	743.3	743.3	743.3	—	—
乌赤土田	468.9	468.9	468.9	—	—
浅海赤土田	87.0	87.0	87.0	—	—
上位铁子厚有机质层厚层砂岩砖红壤	790.4	790.4	790.4	—	—
顽泥田	1 242.9	1 242.9	1 242.9	—	—
页沙漏田	585.3	585.3	585.3	—	—
中位铁子中有薄层玄武岩砖红壤	269.8	269.8	269.8	—	—
中位铁子中有厚层玄武岩砖红壤	1 362.8	1 362.8	1 362.8	—	—
中位铁子中有中层玄武岩砖红壤	388.2	388.2	388.2	—	—
中有机质层厚层砂页岩砖红壤	495.4	495.4	495.4	—	—
页底青泥田	103.1	2 778.4	686.3	883.2	128.7
麻沙漏田	74.4	1 147.2	329.6	414.1	125.6
浅脚页沙土田	119.2	1 418.5	768.9	918.7	119.5
厚有机质层厚层玄武岩水化砖红壤	78.9	1 330.0	548.7	543.1	99.0
页沙泥地	27.4	3 151.1	778.3	748.2	96.1
页粘土田	61.6	2 022.9	685.4	605.2	88.3
页沙土田	4.2	1 166.1	366.5	315.9	86.2
浅脚半沙坍田	21.7	649.9	411.5	340.4	82.7
厚有机质层薄层砂页岩砖红壤	10.0	877.8	383.4	313.8	81.9
灰铁子幼令赤土	16.3	1 022.5	568.6	458.4	80.6
中有机质层薄层砂页岩砖红壤	212.5	1 879.6	791.5	608.9	76.9
上位铁子页沙土地	266.2	1 226.8	580.0	440.4	75.9
页沙土地	26.3	2 357.2	709.0	517.4	73.0
页沙泥土田	12.5	2 079.8	631.9	440.9	69.8
赤粘土地	8.9	1 467.1	679.3	467.7	68.8
赤泥肉田	79.5	222.0	150.8	100.8	66.9
赤青泥格田	309.7	1 036.8	615.2	377.2	61.3
浅脚页泥沙田	231.7	543.8	387.8	220.7	56.9
灰幼令赤粘土	137.3	604.6	360.0	200.2	55.6

（续表）

土种	最小（mg/kg）	最大（mg/kg）	平均（mg/kg）	标准差（mg/kg）	变异系数（%）
赤坼土田	87.3	735.1	412.8	228.6	55.4
黄赤沙土地	420.5	1 145.5	664.2	316.2	47.6
赤土田	351.9	1 114.8	652.8	304.3	46.6
浅脚赤土田	511.1	985.5	748.3	335.5	44.8
麻土田	237.7	836.0	492.7	215.5	43.7
页泥肉田	218.5	795.3	560.6	243.5	43.4
厚有机质层厚层砂页岩砖红壤	215.5	988.5	655.1	283.3	43.2
上位砾石页沙土地	320.2	1 036.9	716.5	306.7	42.8
灰麻赤沙土	613.2	1 075.4	844.3	326.9	38.7
灰幼令赤泥	333.2	572.1	452.7	168.9	37.3
灰黄赤土赤沙泥	337.5	524.6	431.1	132.3	30.7
浅脚黑石土田	290.2	447.6	368.9	111.3	30.2
玄武岩石质土	272.9	466.5	399.7	109.9	27.5
乌黑坼土田	326.4	418.4	372.4	65.1	17.5
页乌泥土田	295.6	354.0	324.8	41.3	12.7
冷浸田	444.9	497.7	471.3	37.3	7.9
黄赤粘土田	542.1	564.7	553.4	16.0	2.9
乌泥底田	643.8	666.6	655.2	16.1	2.5
灰幼令赤土	308.7	319.4	314.1	7.6	2.4

二、土壤交换性镁含量

定安县耕地土壤交换性镁含量范围为 4.07~689.6 毫克每千克，平均含量 85.59 毫克每千克，标准差为 110.10 毫克每千克，变异系数为 118.12%。根据我国二次土壤普查期间的土壤养分分级标准，其不同土壤交换性镁等级含量范围的频率分布情况如表 4-14 所示，总体上定安耕地耕层土壤交换性镁含量处于下等水平。

表 4-14　定安耕地土壤交换性镁的含量分布

分级	标准（mg/kg）	样次	频率（%）	平均（mg/kg）
一级	>300	16	4.37	467.78
二级	200~300	14	3.83	231.78
三级	100~200	66	18.03	134.62

（续表）

分级	标准（mg/kg）	样次	频率（%）	平均（mg/kg）
四级	50~100	98	26.78	69.09
五级	25~50	113	30.87	35.11
六级	<25	59	16.12	16.52
总计				85.59

本县一、二级土壤交换性镁的比例均较低，所占比例均低于 5%，耕层土壤交换性镁含量为三级标准的为 66 个，占 18.03%，四、五两等级土壤交换性镁含量所占比例均较高，分别为 26.78% 和 30.87%，最低等级（六级）土壤交换性镁样点样次为 59，所占比例为 16.12%。综上，定安县耕地耕层土壤交换性镁的含量处于中等偏下水平。

由表 4-15 可知定安县不同土种耕层交换性镁的含量变化水平，最高的为顽泥田，其土壤交换性镁含量为 309.2 毫克每千克，灰幼龄赤土的含量最低，其含量均值仅为 13.7 毫克每千克。

表 4-15　不同土种耕地土壤交换性镁的含量状况

土种	最小（mg/kg）	最大（mg/kg）	平均（mg/kg）	标准差（mg/kg）	变异系数（%）
白鳝泥田	189.1	189.1	189.1	—	—
赤底青泥田	26.4	26.4	26.4	—	—
赤沙泥田	26.3	26.3	26.3	—	—
黑沙坜田	28.1	28.1	28.1	—	—
厚有机质层厚层水化花岗岩砖红壤	16.3	16.3	16.3	—	—
厚有机质层中层砂页岩砖红壤	27.1	27.1	27.1	—	—
厚有机质层中层水化花岗岩砖红壤	16.5	16.5	16.5	—	—
灰潮沙泥土	41.3	41.3	41.3	—	—
灰砾石幼令赤土	51.5	51.5	51.5	—	—
灰麻沙仔土	28.4	28.4	28.4	—	—
灰铁子底幼令赤粘土	40.7	40.7	40.7	—	—
冷底田	111.1	111.1	111.1	—	—
麻底青泥田	48.4	48.4	48.4	—	—
乌赤土田	57.7	57.7	57.7	—	—
浅海赤土田	31.8	31.8	31.8	—	—
上位铁子厚有机质层厚层砂岩砖红壤	113.0	113.0	113.0	—	—
顽泥田	309.2	309.2	309.2	—	—

（续表）

土种	最小 （mg/kg）	最大 （mg/kg）	平均 （mg/kg）	标准差 （mg/kg）	变异系数 （%）
页沙漏田	105.9	105.9	105.9	—	—
中位铁子中有薄层玄武岩转红壤	23.0	23.0	23.0	—	—
中位铁子中有厚层玄武岩转红壤	147.3	147.3	147.3	—	—
中位铁子中有中层玄武岩转红壤	63.7	63.7	63.7	—	—
中有机质层厚层砂页岩砖红壤	25.4	25.4	25.4	—	—
页底青泥田	14.2	521.6	119.7	174.2	145.5
页沙泥地	4.1	589.7	110.5	158.4	143.3
麻沙漏田	9.8	279.2	75.8	101.4	133.7
页沙泥土田	8.0	689.6	87.8	114.0	129.9
页粘土田	17.0	508.0	100.4	130.4	129.9
浅脚页沙土田	12.3	197.5	104.9	131.0	124.8
灰麻赤沙土	9.8	125.7	67.8	81.9	120.8
页沙土地	5.9	607.7	107.8	122.9	114.0
灰幼令赤泥	25.3	139.3	82.3	80.6	97.9
上位铁子页沙土地	11.0	120.3	53.8	48.5	90.1
浅脚赤土田	27.9	121.1	74.5	65.9	88.5
赤青泥格田	29.9	120.7	61.0	51.7	84.9
赤土田	30.3	210.0	96.1	78.3	81.5
赤粘土地	12.4	202.3	73.2	58.5	79.9
中有机质层薄层砂页岩砖红壤	25.6	173.2	81.8	65.1	79.7
浅脚黑石土田	25.9	88.4	57.1	44.2	77.4
灰铁子幼令赤土	33.2	230.4	119.0	85.4	71.7
页泥肉田	15.5	114.5	63.1	43.4	68.8
厚有机质层厚层砂页岩砖红壤	24.3	127.7	57.3	37.2	65.0
页沙土田	12.5	162.6	70.9	46.0	64.9
麻土田	14.7	118.3	61.8	40.0	64.7
厚有机质层厚层玄武岩水化砖红壤	8.9	80.4	53.1	30.8	58.0
厚有机质层薄层砂页岩砖红壤	28.9	99.3	51.3	29.1	56.7
浅脚页泥沙田	42.6	99.1	70.9	40.0	56.4
玄武岩石质土	36.4	141.1	103.5	58.3	56.3
赤坼土田	8.9	84.8	49.0	26.4	53.9
灰黄赤土赤沙泥	29.2	59.6	44.4	21.5	48.4
浅脚半沙坼田	28.4	77.2	52.0	24.4	47.0

（续表）

土种	最小 （mg/kg）	最大 （mg/kg）	平均 （mg/kg）	标准差 （mg/kg）	变异系数 （%）
黄赤沙土地	61.3	180.0	102.5	47.9	46.7
上位砾石页沙土地	46.5	139.9	103.2	42.2	40.9
灰幼令赤粘土	9.1	25.2	17.1	6.7	38.9
灰幼令赤土	11.5	15.9	13.7	3.1	22.6
乌泥底田	119.5	164.1	141.8	31.5	22.2
页乌泥土田	25.9	34.3	30.1	5.9	19.7
冷浸田	32.8	41.0	36.9	5.8	15.7
黄赤粘土田	103.6	127.2	115.4	16.7	14.5
乌黑坭土田	30.1	35.2	32.7	3.6	11.0

三、土壤有效硫含量

定安县耕地耕层土壤有效硫含量变幅为 5.48~299.36 毫克每千克，其平均含量为 38.43 毫克每千克，标准差为 30.80 毫克每千克，空间变异性较高，变异系数 80.15%。根据土壤养分分级标准将土壤有效硫含量进行分级（表 4-16），可得不同等级有效硫含量范围的分布情况。达一级标准的土样有 110 个，占样点总数的 30.05%，二级和三级类似，分别为 83 和 97 个，所占比例为 22.68% 和 26.50%，四级样品为 65 个，所占比例为 17.76%，五级硫含量土壤最少，样点仅有 11 个，比例为 3.01%。综上所述，定安县耕地土壤有效硫是为中上等水平。

表 4-16 定安耕地耕层土壤有效硫的含量状况

分级	标准（mg/kg）	样次	频率（%）	平均（mg/kg）
一级	>40	110	30.05	69.74
二级	30~40	83	22.68	34.72
三级	20~30	97	26.50	24.97
四级	10~20	65	17.76	15.42
五级	<10	11	3.01	7.89
平均				38.43

由表 4-17 可知，定安不同土种耕层有效硫的含量水平分布不均，含量最低的冷底田中有效硫含量仅为 7.9 毫克每千克，浅脚页沙土田和黄赤沙土地土壤有效硫含量水平最

高，均高于100毫克每千克。

表4-17 不同土种耕地有效硫的含量状况

土种	最小（mg/kg）	最大（mg/kg）	平均（mg/kg）	标准差（mg/kg）	变异系数（%）
白鳝泥田	21.0	21.0	21.0	—	—
赤底青泥田	13.3	13.3	13.3	—	—
赤沙泥田	21.8	21.8	21.8	—	—
黑沙坳田	24.7	24.7	24.7	—	—
厚有机质层厚层水化花岗岩砖红壤	82.5	82.5	82.5	—	—
厚有机质层中层砂页岩砖红壤	35.7	35.7	35.7	—	—
厚有机质层中层水化花岗岩砖红壤	17.5	17.5	17.5	—	—
灰潮沙泥土	64.6	64.6	64.6	—	—
灰砾石幼令赤土	87.2	87.2	87.2	—	—
灰麻沙仔土	29.8	29.8	29.8	—	—
灰铁子底幼令赤粘土	78.5	78.5	78.5	—	—
冷底田	7.9	7.9	7.9	—	—
麻底青泥田	20.9	20.9	20.9	—	—
乌赤土田	60.5	60.5	60.5	—	—
浅海赤土田	51.4	51.4	51.4	—	—
上位铁子厚有机质层厚层砂岩砖红壤	66.9	66.9	66.9	—	—
顽泥田	71.7	71.7	71.7	—	—
页沙漏田	41.1	41.1	41.1	—	—
中位铁子中有薄层玄武岩转红壤	68.4	68.4	68.4	—	—
中位铁子中有厚层玄武岩转红壤	79.3	79.3	79.3	—	—
中位铁子中有中层玄武岩转红壤	35.4	35.4	35.4	—	—
中有机质层厚层砂页岩砖红壤	30.4	30.4	30.4	—	—
页沙泥地	10.6	299.4	52.7	60.7	115.2
麻土田	9.8	155.2	60.2	60.7	100.8
黄赤粘土田	35.3	146.7	91.0	78.8	86.5
页沙土地	5.5	238.2	34.9	29.1	83.3
厚有机质层薄层砂页岩砖红壤	19.9	83.4	35.1	27.1	77.4
浅脚页泥沙田	13.7	42.6	28.1	20.4	72.7
页底青泥田	15.8	89.3	34.3	23.6	68.9

（续表）

土种	最小（mg/kg）	最大（mg/kg）	平均（mg/kg）	标准差（mg/kg）	变异系数（%）
页沙泥土田	5.8	191.2	35.2	24.1	68.4
赤土田	23.5	86.0	39.5	26.4	66.8
赤青泥格田	11.2	36.4	20.6	13.7	66.7
黄赤沙土地	27.0	178.6	101.6	67.0	66.0
浅脚赤土田	11.9	31.1	21.5	13.6	63.1
中有机质层薄层砂页岩砖红壤	7.9	61.5	30.5	17.9	58.8
灰幼令赤粘土	7.6	44.4	28.9	16.7	57.9
灰麻赤沙土	20.8	47.7	34.3	19.0	55.5
页粘土田	15.1	71.7	37.2	19.3	51.9
赤粘土地	12.7	74.9	45.2	23.3	51.5
页泥肉田	16.9	58.9	36.2	18.3	50.6
赤坜土田	25.3	83.8	45.8	22.7	49.6
厚有机质层厚层砂页岩砖红壤	27.9	84.5	44.9	22.0	49.1
灰铁子幼令赤土	22.6	55.0	32.3	15.4	47.5
厚有机质层厚层玄武岩水化砖红壤	27.3	85.6	52.5	24.2	46.2
冷浸田	22.7	43.8	33.2	14.9	45.0
灰黄赤土赤沙泥	18.2	33.9	26.1	11.1	42.6
页沙土田	6.2	42.7	27.7	11.8	42.5
浅脚黑石土田	25.3	45.3	35.3	14.2	40.1
灰幼令赤泥	17.1	30.2	23.7	9.3	39.1
麻沙漏田	15.9	38.9	26.6	9.3	35.1
浅脚页沙土田	93.6	153.6	123.6	42.4	34.3
上位铁子页沙土地	14.9	35.6	25.6	8.7	33.9
赤泥肉田	32.8	51.9	42.4	13.5	31.9
灰幼令赤土	15.8	24.5	20.1	6.2	30.6
上位砾石页沙土地	15.0	27.7	19.2	5.8	30.0
乌泥底田	16.2	24.8	20.5	6.1	29.7
乌黑坜土田	18.8	26.8	22.8	5.7	24.9
玄武岩石质土	34.5	47.0	41.9	6.6	15.6
页乌泥土田	19.6	22.5	21.1	2.1	9.7
浅脚半沙坜田	32.7	38.0	35.8	2.8	7.8

第三节 微量元素

一 土壤有效铁含量

定安县耕地土壤有效铁的范围在 19.99~2 095.24 毫克每千克，平均值为 383.62 毫克每千克，标准差为 328.56，变异系数为 85.65%。根据土壤养分分级标准（表4-18），定安县耕层土壤中，一级和二级有效铁含量土壤比例均较低（<5%），三级 68 个，所占比例为 24.64%，四级土壤最多，为 181 个，所占比例为 65.58%，五级土壤较少，仅为5.07%。由此可知，定安县耕地耕层土壤有效铁含量为中下等水平。

表4-18 定安耕地土壤有效铁含量状况

分级	含量（mg/kg）	样次	频率（%）	平均（mg/kg）
一级	>1 500	4	1.45	1 921.81
二级	1 000~1 500	9	3.26	1 125.64
三级	500~1 000	68	24.64	681.52
四级	100~500	181	65.58	225.51
五级	<100	14	5.07	64.29
总计				383.62

据不同土种土壤有效铁含量分布结果（表4-19）可知，不同的土种耕层有效铁的含量存在差异，其中有效铁含量最低的为灰黄赤土赤沙泥地，其含量为 103.4 毫克每千克，含量最高的灰潮沙泥土含量为 1 019.2 毫克每千克。

表4-19 不同土种耕地土壤有效铁的含量状况

土种	最小（mg/kg）	最大（mg/kg）	平均（mg/kg）	标准差（mg/kg）	变异系数（%）
赤底青泥田	306.1	306.1	306.1	—	—
厚有机质层厚层水化花岗岩砖红壤	131.5	131.5	131.5	—	—
厚有机质层厚层玄武岩水化砖红壤	300.6	300.6	300.6	—	—
厚有机质层中层砂页岩砖红壤	303.5	303.5	303.5	—	—
厚有机质层中层水化花岗岩砖红壤	387.1	387.1	387.1	—	—
黄赤粘土田	156.9	156.9	156.9	—	—
灰潮沙泥土	1 019.2	1 019.2	1 019.2		

（续表）

土种	最小 （mg/kg）	最大 （mg/kg）	平均 （mg/kg）	标准差 （mg/kg）	变异系数 （%）
灰黄赤土赤沙泥	103.4	103.4	103.4	—	—
灰砾石幼令赤土	956.6	956.6	956.6	—	—
灰麻赤沙土	505.5	505.5	505.5	—	—
灰铁子底幼令赤粘土	674.1	674.1	674.1	—	—
冷底田	175.6	175.6	175.6	—	—
麻底青泥田	302.0	302.0	302.0	—	—
乌赤土田	627.7	627.7	627.7	—	—
上位铁子厚有机质层厚层砂岩砖红壤	911.8	911.8	911.8	—	—
页沙漏田	488.3	488.3	488.3	—	—
中位铁子中有厚层玄武岩转红壤	219.4	219.4	219.4	—	—
中有机质层厚层砂页岩砖红壤	387.9	387.9	387.9	—	—
页粘土田	21.9	873.7	271.9	261.5	96.2
麻土田	20.0	555.1	218.8	205.4	93.8
页底青泥田	148.0	705.6	342.0	315.1	92.1
黄赤沙土地	180.3	761.5	470.9	411.0	87.3
页沙泥土田	21.6	1 060.6	309.9	241.7	78.0
麻沙漏田	82.9	587.3	300.9	234.6	78.0
赤坜土田	77.5	819.0	344.3	268.1	77.9
页沙土地	61.5	1 059.5	353.0	269.3	76.3
页沙泥地	165.0	2 095.2	857.6	647.4	75.5
灰铁子幼令赤土	160.6	955.5	540.5	398.6	73.7
赤土田	115.6	564.2	252.4	184.2	73.0
上位砾石页沙土地	98.9	375.1	180.0	130.6	72.5
上位铁子页沙土地	200.3	602.3	401.3	284.3	70.8
灰幼令赤粘土	138.0	476.3	265.6	183.9	69.2
页沙土田	167.0	769.9	380.5	230.0	60.4
厚有机质层薄层砂页岩砖红壤	190.2	647.1	388.4	220.6	56.8
厚有机质层厚层砂页岩砖红壤	152.6	749.2	403.6	226.7	56.2
灰幼令赤土	136.5	306.9	221.7	120.5	54.4
中有机质层薄层砂页岩砖红壤	323.7	844.2	577.4	287.1	49.7
浅脚赤土田	185.0	341.6	263.3	110.7	42.0
赤粘土地	371.2	937.1	699.2	293.5	42.0
赤青泥格田	234.3	477.2	334.5	126.9	37.9

（续表）

土种	最小 （mg/kg）	最大 （mg/kg）	平均 （mg/kg）	标准差 （mg/kg）	变异系数 （%）
乌黑坜土田	148.4	255.1	201.8	75.5	37.4
灰幼令赤泥	106.0	171.0	138.5	45.9	33.2
冷浸田	196.7	295.8	246.2	70.0	28.4
浅脚半沙坜田	471.2	571.9	521.5	71.2	13.7
浅脚页泥沙田	173.2	209.4	191.3	25.6	13.4
赤泥肉田	553.3	647.1	600.2	66.3	11.1
浅脚黑石土田	689.7	772.5	731.1	58.6	8.0
页泥肉田	130.6	142.4	137.1	6.0	4.4

二、土壤有效锌含量

定安耕地土壤有效锌含量的范围为 0.24~45.85 毫克每千克，平均含量为 3.93 毫克每千克，标准差 3.92，变异系数为 99.61%，可见其土壤有效锌含量空间差异性较大。根据土壤养分等级划分标准（表 4-20），达一级标准的样点有 204 个，占全部样点的 55.74%，二级标准为 139 个，占 37.98%，三、四和五级土壤所占比例均较低，其所占比例之和为 6.28%，由此可见，定安县耕地耕层土壤有效锌含量丰富，属于锌含量丰富地区。

表 4-20　定安耕地耕层土壤有效锌的含量状况

分级	含量（mg/kg）	样次	频率（%）	平均值（mg/kg）
一级	>3.0	204	55.74	5.61
二级	1.0~3.0	139	37.98	2.00
三级	0.5~1.0	17	4.64	0.83
四级	0.3~0.5	5	1.37	0.39
五级	<0.3	1	0.27	0.24
总计				3.93

由表 4-21 可知定安县不同土种耕层有效锌的含量水平，玄武岩石质土土壤有效锌含量最高，其含量均值为 20.14 毫克每千克，浅海赤土田的含量最低，为 0.24 毫克每千克。

表 4-21　不同土种耕地土壤有效锌的含量状况

土种	最小（mg/kg）	最大（mg/kg）	平均（mg/kg）	标准差（mg/kg）	变异系数（%）
白鳝泥田	4.20	4.20	4.20	—	—
赤底青泥田	1.97	1.97	1.97	—	—
赤沙泥田	3.00	3.00	3.00	—	—
黑沙坼田	1.40	1.40	1.40	—	—
厚有机质层厚层水化花岗岩砖红壤	18.43	18.43	18.43	—	—
厚有机质层中层砂页岩砖红壤	4.59	4.59	4.59	—	—
厚有机质层中层水化花岗岩砖红壤	4.71	4.71	4.71	—	—
灰潮沙泥土	0.50	0.50	0.50	—	—
灰砾石幼令赤土	9.15	9.15	9.15	—	—
灰麻沙仔土	4.80	4.80	4.80	—	—
灰铁子底幼令赤粘土	4.35	4.35	4.35	—	—
冷底田	4.67	4.67	4.67	—	—
麻底青泥田	5.13	5.13	5.13	—	—
乌赤土田	2.75	2.75	2.75	—	—
浅海赤土田	0.24	0.24	0.24	—	—
上位铁子厚有机质层厚层砂岩砖红壤	3.46	3.46	3.46	—	—
顽泥田	3.80	3.80	3.80	—	—
页沙漏田	3.77	3.77	3.77	—	—
中位铁子中有薄层玄武岩砖红壤	3.51	3.51	3.51	—	—
中位铁子中有厚层玄武岩砖红壤	8.33	8.33	8.33	—	—
中位铁子中有中层玄武岩砖红壤	2.40	2.40	2.40	—	—
中有机质层厚层砂页岩砖红壤	3.94	3.94	3.94	—	—
麻土田	1.54	27.97	7.23	10.27	142.16
乌黑坼土田	0.98	16.12	8.55	10.71	125.21
上位砾石页沙土地	2.34	19.77	6.88	8.60	124.92
麻沙漏田	0.91	11.97	3.62	4.27	118.20
玄武岩石质土	2.55	45.85	20.14	22.76	113.00
厚有机质层厚层玄武岩水化砖红壤	1.40	8.05	3.24	3.21	99.24
页沙土田	0.89	14.42	3.64	3.51	96.30
灰铁子幼令赤土	1.70	13.46	5.60	5.34	95.33
页泥肉田	1.30	16.12	7.06	6.60	93.41
页沙泥土田	0.31	24.70	3.76	3.34	88.80
灰幼令赤土	1.00	4.01	2.51	2.13	84.97
浅脚页沙土田	1.80	6.60	4.20	3.39	80.81

（续表）

土种	最小 （mg/kg）	最大 （mg/kg）	平均 （mg/kg）	标准差 （mg/kg）	变异系数 （%）
浅脚页泥沙田	1.28	3.76	2.52	1.75	69.59
浅脚赤土田	1.03	2.83	1.93	1.27	65.95
页沙土地	0.30	13.94	3.51	2.29	65.19
赤坬土田	0.99	5.62	3.07	1.77	57.59
灰幼令赤泥	1.66	3.88	2.77	1.57	56.67
赤粘土地	0.51	5.49	3.15	1.76	55.95
灰幼令赤粘土	1.03	3.68	2.06	1.13	55.02
中有机质层薄层砂页岩砖红壤	1.80	8.44	4.82	2.57	53.31
黄赤粘土田	2.36	5.20	3.78	2.01	53.13
页粘土田	0.80	6.42	3.15	1.66	52.60
厚有机质层薄层砂页岩砖红壤	1.71	5.38	2.97	1.48	49.81
厚有机质层厚层砂页岩砖红壤	0.98	7.43	4.88	2.32	47.62
页沙泥地	0.49	4.85	2.87	1.36	47.38
灰黄赤土赤沙泥	1.61	3.00	2.31	0.98	42.64
浅脚半沙坬田	2.50	5.99	4.15	1.75	42.28
上位铁子页沙土地	1.30	3.06	1.99	0.79	39.71
冷浸田	5.36	9.13	7.25	2.67	36.79
赤土田	2.68	7.05	4.56	1.60	35.11
页底青泥田	2.30	5.00	3.49	1.11	31.92
赤青泥格田	2.63	4.47	3.32	1.00	30.10
灰麻赤沙土	2.73	3.90	3.32	0.83	24.96
页乌泥土田	3.00	4.10	3.55	0.78	21.91
赤泥肉田	2.33	3.12	2.73	0.56	20.50
黄赤沙土地	3.87	6.00	5.01	0.82	16.37
浅脚黑石土田	4.24	4.59	4.42	0.25	5.61
乌泥底田	3.10	3.30	3.20	0.14	4.42

三、土壤有效锰含量

定安县耕地耕层土壤有效锰含量范围为 0.7~554.7 毫克每千克，平均值为 32.41 毫克每千克，标准差为 49.35 毫克每千克，变异系数为 152.29%，可见其土壤有效锰含量空间变异性高。根据土壤养分分级标准（表 4-22），前三等级所占比例之和高于 90%，四、五等级所占比例约为 9%，可见定安县耕地耕层土壤有效锰含量为中上等水平。

表4-22 定安耕地耕层土壤有效锰含量状况

分级	含量（mg/kg）	样次	频率	平均（mg/kg）
一级	>30	88	31.88	72.18
二级	15~30	78	28.26	21.49
三级	5~15	85	30.80	9.80
四级	1~5	23	8.33	3.51
五级	<1	2	0.72	0.75
总计				32.41

定安县不同土种耕层有效锰的含量水平存在一定变异性（表4-23），含量最高的为灰麻赤土田，其含量为265.7毫克每千克，中有机质层厚层砂页岩砖红壤和灰幼龄赤土含量均较低，分别为5.0和4.0毫克每千克。

表4-23 不同土种耕地土壤有效锰的含量状况

土种	最小（mg/kg）	最大（mg/kg）	平均（mg/kg）	标准差（mg/kg）	变异系数（%）
赤底青泥田	6.9	6.9	6.9	—	—
厚有机质层厚层水化花岗岩砖红壤	7.5	7.5	7.5	—	—
厚有机质层厚层玄武岩水化砖红壤	29.3	29.3	29.3	—	—
厚有机质层中层砂页岩砖红壤	9.7	9.7	9.7	—	—
厚有机质层中层水化花岗岩砖红壤	6.4	6.4	6.4	—	—
黄赤粘土田	33.3	33.3	33.3	—	—
灰潮沙泥土	15.8	15.8	15.8	—	—
灰黄赤土赤沙泥	6.6	6.6	6.6	—	—
灰砾石幼令赤土	18.2	18.2	18.2	—	—
灰麻赤沙土	265.7	265.7	265.7	—	—
灰铁子底幼令赤粘土	14.1	14.1	14.1	—	—
冷底田	134.4	134.4	134.4	—	—
麻底青泥田	17.5	17.5	17.5	—	—
乌赤土田	7.5	7.5	7.5	—	—
上位铁子厚有机质层厚层砂岩砖红壤	97.2	97.2	97.2	—	—
页沙漏田	20.0	20.0	20.0	—	—
中位铁子中有厚层玄武岩转红壤	131.2	131.2	131.2	—	—
中有机质层厚层砂页岩砖红壤	5.0	5.0	5.0	—	—
页沙泥土田	0.7	554.7	29.8	63.1	211.4
页沙土地	2.8	345.0	34.4	50.9	148.0
赤青泥格田	21.4	230.0	93.5	118.3	126.5

（续表）

土种	最小 （mg/kg）	最大 （mg/kg）	平均 （mg/kg）	标准差 （mg/kg）	变异系数 （%）
浅脚赤土田	10.5	162.4	86.5	107.4	124.2
灰幼令赤泥	4.5	46.9	25.7	30.0	116.7
中有机质层薄层砂页岩砖红壤	10.2	115.7	43.2	49.3	114.1
浅脚页泥沙田	6.0	37.2	21.6	22.0	102.1
上位铁子页沙土地	6.5	38.2	22.3	22.4	100.3
页泥肉田	10.8	51.5	24.5	23.4	95.4
页粘土田	6.2	162.0	51.0	47.2	92.7
赤坲土田	2.9	60.9	22.2	19.2	86.5
上位砾石页沙土地	12.5	86.7	39.6	33.9	85.7
赤粘土地	5.2	24.6	12.6	10.5	83.7
灰铁子幼令赤土	4.5	53.0	30.7	24.5	79.8
页沙泥地	2.1	105.0	35.7	27.7	77.6
乌黑坲土田	6.1	19.6	12.9	9.5	74.3
浅脚黑石土田	10.5	31.2	20.9	14.6	70.2
赤土田	7.9	59.2	31.7	21.7	68.2
页底青泥田	13.5	73.5	50.1	32.1	64.1
页沙土田	4.3	50.8	22.0	13.7	62.3
厚有机质层薄层砂页岩砖红壤	9.8	48.1	29.5	18.4	62.3
麻沙漏田	2.1	25.4	16.6	10.2	61.5
厚有机质层厚层砂页岩砖红壤	9.8	51.9	25.3	15.3	60.5
冷浸田	12.7	27.3	20.0	10.3	51.6
麻土田	2.2	27.4	19.6	10.1	51.5
灰幼令赤粘土	3.0	6.6	5.1	1.9	36.7
黄赤沙土地	16.2	25.0	20.6	6.3	30.3
浅脚半沙坲田	14.6	17.1	15.8	1.7	10.9
赤泥肉田	37.7	43.1	40.4	3.8	9.5
灰幼令赤土	4.0	4.0	4.0	0.0	0.2

第四节 其他属性

一、土体构型

土体构型是指各土壤发生层有规律的组合、有序的排列状况，也称为土壤剖面构型，是土壤剖面最重要特征。特别是在 1 米土体内的剖面层次特征对作物的生长发育，水分养分吸收等产生重要影响，因此土体构型是决定土壤肥力的重要指标。一般可分为薄层型（小于30厘米）、松散型（通体砂型）、紧实型（通体粘型）、夹层型（夹砂砾型、夹粘型、夹料姜型等）、上紧下松型（漏砂型）、上松下紧型（蒙金型）、海绵型（通体壤型）等。

定安县本次调查中水稻土面积为83 552.3亩，占全县耕地面积的27.1%，定安县水稻土主要由河流冲积物、浅海沉积物、花岗岩及砂页岩风化物母质发育成的自然土经过人们水旱耕作演变形成。旱作土壤类型有火山灰土、石质土、新积土和砖红壤，其中以砖红壤的分布面积和比例最高，其次为火山灰土，其面积分别为164 685.7亩和59 758.2亩，分别占全县耕地面积的53.3%和19.4%。石质土和新积土的面积较低，均低于500亩，所占面积都约为0.1%。

二、土壤质地

土壤质地是土壤物理性质之一，指土壤中不同大小直径的矿物颗粒的组合状况。土壤质地与土壤通气、保肥、保水状况及耕作的难易有密切关系；土壤质地状况是拟定土壤利用、管理和改良措施的重要依据。肥沃的土壤不仅要求耕层的质地良好，还要求有良好的质地剖面。虽然土壤质地主要决定于成土母质类型，有相对的稳定性，但耕作层的质地仍可通过耕作、施肥等活动进行调节。

由表4-24可知，定安县的耕地质地主要以壤土为主，总共占到了66.1%。壤土的透气性比较好，有机物质高，比较适宜植物的生长。

表4-24　不同质地的耕地土壤面积统计

土壤质地		面积（亩）	比例（%）
壤土	重壤	11 248.1	3.6
	中壤	33 364.3	10.8
	轻壤	95 228.9	30.8
	砂壤	64 144.6	20.8
粘土	中粘	21 432.2	6.9
砂土	松砂	59 508.6	19.3
	紧砂	23 788.2	7.7

三、耕层厚度

土壤是农业生产的重要物质条件，耕层结构直接关系到作物的高产稳产和可持续发展。在养分百分含量相同的情况下，耕层0~20厘米与20~40厘米相比，水分和养分要少30%。定安县的耕地耕层9~32厘米之间，其中9~15厘米的占21.8%，耕层厚度在15~20厘米之间的占58.7%，20~30厘米之间的占19.1%，耕层厚度大于30厘米的为0.4%。由此可见，定安县的耕层厚度属于上等水平。

四、土壤酸碱度

定安县耕地耕层土壤pH变幅为3.39~7.23，平均值为4.97。根据酸碱度的分级标准，耕地土壤酸碱度状况如表4-25所示。从表中可以看出，酸性范围为三级的占70.31%；微酸性范围内的占8.29%，可见定安县耕地土壤大都属于酸性范围。

表4-25　定安耕地土壤pH状况

分级	pH	样次	频率（%）	平均
一级	6.6~7.6	6	0.23	6.84
二级	5.6~6.6	216	8.29	5.87
三级	4.6~5.6	1 830	70.31	5.02
四级	7.6~8.6	0	0.00	—
五级	<4.6；>8.6	551	21.16	4.42
平均				5.30

由表4-26可以看出，定安县耕地耕层土壤偏酸性，pH最低的为夜乌泥土田，其pH均值为4.4，灰潮泥土田pH最高，为5.9，综上，虽然定安耕地耕层总体偏酸性，但是酸性强度不是很大。

表4-26　不同土种耕地土壤pH状况

土种	平均	最大	最小	标准差	变异系数（%）
黑坳土田	4.8	4.8	4.8	—	—
黑泥底田	5.2	5.2	5.2	—	—
灰潮沙泥土	5.9	5.9	5.9	—	—
灰黄页沙泥	5.3	5.3	5.3	—	—
冷底田	5.4	5.4	5.4	—	—
浅海底青泥田	4.9	4.9	4.9	—	—
渍水田	5.2	5.2	5.2	—	—
中位铁子中有中层玄武岩转红壤	4.4	7.1	5.4	0.6	43.2
灰麻赤沙土	4.3	6.2	5.1	0.7	14.0
中位铁子中有厚层玄武岩转红壤	4.3	5.8	4.7	0.6	13.6

（续表）

土种	平均	最大	最小	标准差	变异系数（％）
玄武岩石质土	4.3	6.5	5.5	0.7	13.5
薄有机质层厚层砂页岩砖红壤	4.9	5.9	5.4	0.7	13.2
浅脚赤土田	4.9	5.8	5.3	0.7	12.4
浅海赤土田	4.4	6.3	5.1	0.6	12.2
页底青泥田	4.2	5.9	4.9	0.5	11.0
厚有机质层中层水化花岗岩砖红壤	4.4	6.7	5.0	0.5	10.8
赤粘土地	3.9	7.2	5.0	0.5	10.6
厚有机质层厚层砂页岩砖红壤	4.2	6.4	5.0	0.5	10.5
浅脚页沙土田	4.2	5.6	4.9	0.5	10.4
深湴田	4.5	6.1	5.2	0.5	10.1
灰麻沙仔土	4.1	6.5	4.9	0.5	9.9
灰幼令赤泥	4.5	6.3	5.0	0.5	9.8
厚有机质层厚层玄武岩水化砖红壤	4.1	6.7	4.8	0.5	9.8
中有机质层厚层砂页岩砖红壤	4.6	6.3	5.1	0.5	9.8
浅海赤沙泥田	4.3	6.0	4.9	0.5	9.6
赤坜土田	3.8	6.1	5.0	0.5	9.5
赤青泥格田	4.4	6.1	5.0	0.5	9.3
页沙泥土田	3.4	6.6	5.0	0.5	9.3
页沙泥地	4.1	6.0	5.1	0.5	9.0
页泥肉田	4.1	5.4	4.7	0.4	9.0
麻土田	3.9	6.0	5.0	0.4	9.0
页沙土地	3.8	6.7	5.0	0.4	9.0
黄赤沙土地	4.4	6.1	5.0	0.4	8.9
乌黑坜土田	4.3	6.0	5.0	0.4	8.7
厚有机质层薄层砂页岩砖红壤	4.0	6.5	5.0	0.4	8.5
灰幼令赤土	4.3	6.1	5.1	0.4	8.4
页沙土田	4.2	6.6	4.9	0.4	8.4
浅脚黑石土田	4.5	6.2	5.1	0.4	8.3
厚有机质层中层砂页岩砖红壤	4.4	5.5	4.9	0.4	8.2
中位铁子中有薄层玄武岩转红壤	4.4	6.0	5.0	0.4	8.2
页粘土田	4.2	6.1	5.0	0.4	8.1
灰黄赤土赤沙泥	4.4	5.6	5.0	0.4	7.9
灰砾石幼令赤土	3.9	5.7	4.9	0.4	7.7

（续表）

土种	平均	最大	最小	标准差	变异系数（％）
厚有机质层厚层水化花岗岩砖红壤	4.4	5.7	4.8	0.4	7.7
赤底青泥田	4.4	5.7	4.9	0.4	7.7
中有机质层薄层砂页岩砖红壤	4.4	5.7	5.1	0.4	7.7
上位砾石页沙土地	4.4	6.1	4.9	0.4	7.5
灰幼令赤粘土	4.3	6.3	5.0	0.4	7.5
麻沙漏田	4.3	5.8	4.9	0.4	7.2
麻底青泥田	4.1	5.5	4.8	0.3	7.2
紫沙泥田	4.4	5.0	4.6	0.3	7.2
赤土田	4.0	5.5	4.9	0.4	7.2
冷浸田	4.6	5.6	5.0	0.3	6.7
上位铁子页沙土地	4.3	5.6	4.9	0.3	6.7
浅脚页泥沙田	4.4	5.6	5.1	0.3	6.6
页沙漏田	4.3	5.7	5.0	0.3	6.6
灰铁子幼令赤土	4.6	5.8	5.1	0.3	6.4
黑沙坿田	4.3	5.4	5.0	0.3	6.3
顽泥田	4.4	4.9	4.7	0.3	6.2
灰铁子底幼令赤粘土	4.5	5.7	5.0	0.3	6.1
彩土田	4.4	5.0	4.6	0.3	5.9
黄赤粘土田	4.4	5.2	4.8	0.3	5.9
厚有机质厚层花岗岩砖红壤	4.4	5.3	4.9	0.3	5.8
乌泥底田	4.2	5.3	4.7	0.3	5.7
白鳝泥田	4.5	5.2	4.9	0.3	5.5
赤沙泥田	4.6	5.1	4.9	0.3	5.2
赤泥地	4.4	5.2	4.9	0.3	5.2
生赤土田	4.9	5.2	5.0	0.3	5.1
页乌泥土田	4.2	4.6	4.4	0.2	4.6
灰麻赤沙泥土	4.5	5.3	4.9	0.2	4.6
赤泥肉田	5.0	5.6	5.2	0.2	4.5
浅脚半沙坿田	4.7	5.4	5.0	0.2	4.1
上位铁子厚有机质层厚层砂岩砖红壤	4.8	5.1	4.9	0.2	4.0
厚有机质层中层玄武岩水化砖红壤	4.4	4.6	4.5	0.2	3.6
麻沙土田	4.6	4.9	4.8	0.2	3.6
薄有机质层薄层火山灰玄武岩砖红壤	4.8	5.1	5.0	0.2	3.4

（续表）

土种	平均	最大	最小	标准差	变异系数（%）
浅脚麻沙泥田	4.6	4.9	4.7	0.1	3.1
乌赤土田	5.0	5.1	5.0	0.1	2.2
中有机质厚层花岗岩砖红壤	4.6	4.6	4.6	0.0	0.0

第五节　耕地土壤属性综述

一、土壤有机质

根据 2 603 个耕层土样分析结果，定安县耕层土壤有机质含量在 0.1~126.1 克每千克之间，平均为 23.0 克每千克，标准差 15.7，变异系数 68.4%。不同镇间耕层土壤有机质含量分布不均，龙门镇土壤有机质含量最高，其均值为 32.2 克每千克，其次为黄竹、翰林、龙河、岭口和新竹镇，该四镇的耕层土壤有机质含量均高于 20 克每千克。各镇土壤有机质含量均值的标准差为 6.7，变异系数为 28.96%，表明定安县 10 个镇土壤有机质含量均值差异性不高。按第二次土壤普查养分分级标准，前四级土壤所占比例约为 85%，全县有机质平均值 23.0 克每千克也在第三级标准范围内，可见该县的耕地耕层土壤有机质为中等水平。

二、土壤碱解氮

定安县耕层土壤碱解氮含量范围为 0.50~683.70 毫克每千克之间，平均含量为 107.37 毫克每千克，标准差和变异系数分别为 70.12 毫克每千克和 65.31%。不同乡镇碱解氮水平存在一定差异，10 个镇间均值的标准差为 36.77，变异系数为 35.15%。龙门镇耕地土壤碱解氮含量最高，达 170.15 毫克每千克，其次为翰林镇、龙河镇、黄竹镇和岭口镇，该四镇均值均高于 100 毫克每千克，其余镇则相对较低，但其均值也都高于 50 毫克每千克。与第二次土壤普查的养分分级标准对比，全县耕地耕层土壤碱解氮含量均值属于第三级，均值含量最低的新竹镇为第四级，表明定安县耕地土壤碱解氮含量为中等偏上水平。

三、土壤有效磷

定安耕地耕层土壤有效磷含量为 0.01~404.70 毫克每千克，全县平均含量为 18.37 毫克每千克，标准差为 32.89 毫克每千克，变异系数为 175.62%。10 个镇中，定城镇耕地耕层土壤有效磷平均含量最高，为 67.98 毫克每千克，翰林镇、岭口镇、龙河镇和龙门镇平均含量均低于 10 毫克每千克，表明不同镇间耕地耕层土壤有效磷含量差异性较大。结合海南土壤养分含量分级等级标准，定安县耕地土壤有效磷含量在各等级均有分布，且第六等级土壤比例最高，为 34.65%，其余等级所占比例均介于 10%~20%。从含量上来看，速效磷含量高于 20 毫克每千克耕地土壤占 24.28%，中等水平的速效磷土壤，即速效磷含量为 5~20 毫克每千克的比例为 30.73%，低于 5 毫克每千克的磷缺乏土壤为 44.98%，表明定安县有效磷含量偏低。

四、土壤速效钾

据 2 603 个耕地土壤样品分析结果可知，定安县速效钾的平均含量为 41.97 毫克每千克，其变幅为 1.00~376.30 毫克每千克，标准差为 32.16 毫克每千克，变异系数为 76.65%。不同镇的土壤速效钾含量存在一定差异，各镇间标准差为 9.16 毫克每千克，变异系数为 21.84%，翰林镇和黄竹镇含量较高，分别为 55.42 和 53.45 毫克每千克，新竹镇、富文镇、龙湖镇和雷鸣镇速效钾含量则较低，均低于 40 毫克每千克。按照第二次土壤普查的养分分级标准，定安县耕地耕层土壤速效钾含量一、二、三等级所占比例均低于 5%，分别为 0.58%、0.85% 和 3.46%，第四、五和六等级比例总和高达 95.12%。全县耕地耕层土壤速效钾平均含量属于第五级，表明该县耕地土壤速效钾含量水平偏低。

五、中量元素

（一）土壤交换性钙

定安县耕地土壤中耕层交换性钙含量范围为 4.16~3 151.10 毫克每千克，其平均含量为 610.60 毫克每千克，标准差为 463.87 毫克每千克，变异系数为 75.97%。各镇间耕层土壤交换性钙含量差异较大，龙门镇土壤交换性钙含量最高，为 1 146.18 毫克每千克，翰林镇最低，仅为 142.65 毫克每千克，各镇交换性钙含量均值的标准差为 274.75 毫克每千克，变异系数为 48.91%。按照土壤养分的分级标准，定安县的交换性钙的水平较低，三、四、五级比例之和约为 70%。

（二）土壤交换性镁

定安县耕地土壤交换性镁含量范围为 4.07~689.6 毫克每千克，平均含量 85.59 毫克每千克，标准差为 110.10 毫克每千克，变异系数为 118.12%。龙门镇和龙河镇土壤交换性镁含量最高，分别为 205.56 和 141.99 毫克每千克，富文镇和雷鸣镇的含量最低，为 41.77 和 25.85 毫克每千克，所有乡镇间的标准差和变异系数分别为 52.88 毫克每千克和 62.78%，表明不同镇交换性镁含量差异性较高。定安县一、二级土壤交换性镁的比例均较低，所占比例均低于 5%，三级占 18.03%，四、五两等级土壤交换性镁含量所占比例均较高，分别为26.78%和30.87%，最低等级（六级）为16.12%，表明定安县耕地耕层土壤交换性镁的含量处于中等偏下水平。

（三）土壤有效硫

定安县耕地耕层土壤有效硫含量变幅为5.48~299.36毫克每千克，其平均含量为38.43毫克每千克，标准差为30.80毫克每千克，空间变异性较高，变异系数80.15%。10个镇有效硫含量平均值的变异系数为27.73%，最高的黄竹镇含量为53.37毫克每千克，岭口镇最低，为24.98毫克每千克，有效硫不同乡镇间存在分布差异。按照土壤养分的分级标准，前三级土壤比例之和约为80%，故定安县的耕层土壤有效硫含量在中上等水平。

六、微量元素

（一）土壤有效铁

定安县耕地耕层土壤有效铁含量范围为19.99~2 095.24毫克每千克，平均值为383.62毫克每千克，标准差为328.56毫克每千克，变异系数为85.65%。新竹镇和定城镇的有效铁含量最高，分别为689.99和674.00毫克每千克，其余各镇土壤有效铁含量较低，表明各镇间耕地耕层土壤有效铁含量分布不均。一级和二级有效铁含量土壤比例均较低（<5%），三级所占比例为24.64%，四级为65.58%，五级土壤仅为5.07%。由此可知，定安县耕地耕层土壤有效铁含量为中下等水平。

（二）土壤有效锌

定安耕地土壤有效锌含量的范围为0.24~45.85毫克每千克，平均含量为3.93毫克每千克，标准差3.92毫克每千克，变异数为99.61%，可见其土壤有效锌含量空间差异性较大。富文镇土壤有效锌含量最高，为7.13毫克每千克，其余乡镇土壤有效锌含量均低于5毫克每千克，以雷鸣镇含量最低，为1.76毫克每千克。按照土壤养分的分级标准，三、四和五级土壤所占比例均较低，其所占比例之为6.28%，由此可见，定安县耕地耕层土壤有效锌含量丰富，属于锌含量丰富地区。

（三）土壤有效锰

定安县耕地耕层土壤有效锰含量范围为0.7~554.7毫克每千克，平均值为32.41毫克每千克，标准差为49.35毫克每千克，变异系数为152.29%。不同镇间土壤有效锰含量不均，岭口镇含量最高为90.39毫克每千克，雷鸣镇含量低于10毫克每千克，仅为7.41毫克每千克。根据土壤养分分级标准（表4-22），前三等级所占比例之和高于90%，四、五等级所占比例约为9%，可见定安县耕地耕层土壤有效锰含量为中上等水平。

（四）土壤有效铜

本次调查分析结果表明，定安县的耕层有效铜的含量为 0.03~7.90 毫克每千克，平均值为 1.75 毫克每千克，标准差为 1.75 毫克每千克，变异系数为 100.00%。定城镇、龙门镇和新竹镇的平均含量均高于 2 毫克每千克，翰林镇、富文镇和雷鸣镇的土壤有效铜含量均较低，分别为 0.71、0.58 和 0.37 毫克每千克。

按照土壤养分的分级标准，全县耕地耕层土壤有效铜含量均值处在二级标准内，故定安县耕地有效铜的含量水平在中等偏上。

定安县耕地土壤属性总体统计结果见表 4-27。

表 4-27　定安县耕地土壤属性总体统计结果

项目	最小值	最大值	标准差	变异系数（%）	平均值
pH	3.39	7.23	0.44	8.93	4.97
有机质（g/kg）	0.1	126.1	15.7	68.4	23.0
碱解氮（mg/kg）	0.50	683.70	70.12	65.31	107.37
有效磷（mg/kg）	0.01	404.70	32.89	175.62	18.37
速效钾（mg/kg）	1.00	376.30	32.16	76.65	41.97
交换性钙（mg/kg）	4.16	3 151.10	463.87	75.97	610.60
交换性镁（mg/kg）	4.07	389.60	110.10	118.12	85.59
有效硫（mg/kg）	5.48	299.36	30.80	80.15	38.43
有效铁（mg/kg）	19.99	2 095.24	328.56	85.65	383.62
有效锌（mg/kg）	0.24	45.85	3.92	99.61	3.93
有效锰（mg/kg）	0.7	554.7	49.35	152.29	32.41
有效铜（mg/kg）	0.03	7.90	1.75	100.00	1.75

第五章　耕地地力评价

定安县位于海南岛的中部偏东北，南渡江中下游南畔，地处东经 110°7′—110°31′，北纬 19°13′—19°44′。东部与文昌市毗邻，西部与屯昌、澄迈县接壤，东南部与琼海市相连，北临南渡江与海口相望。定安县总面积 1 177.70 平方千米，全县可利用土地面积 170 多万亩。

该县地势南高北低，属于丘陵半丘陵地带，纬度较低；气候温和，年平均气温 24 度；热量丰富，阳光充足，年平均日照时数 1 880 小时。水资源丰富，除了雨量充沛，年平均降水量 1 953 毫米外，境内河流不少，流域面积在 100 平方千米以上的河流有 9 条，总流域面积达 1 293.2 平方千米。

定安县地质主要由砂页岩、玄武岩、火山灰岩、花岗岩等岩石构成。砂页岩是由各种碎硝物质和胶结物组成，形成于新生晚代第三纪的上新世，距今 220 万年，是全县的主要成土母质，主要分布在雷鸣、富文、新竹、龙湖的全部和定城的大部分。玄武岩是新生晚代第三纪至第四纪的第一期形成的橄榄玄武岩，形成于 300 万~400 万年前，多由橄榄石和辉石组成，主要分布在金鸡岭一带，包括龙门大部分，黄竹部分和金鸡岭农场。幼龄玄武岩是火山灰岩，生成晚于第一期玄武岩，主要分布在岭口、翰林、龙河的大部分和龙门的局部地区。花岗岩属于中生代第四期侵入岩，形成介于早晚白垩纪之间，距今已有 13 500 万年，因常被砂页岩堆积物覆盖，故被误为砂页岩，主要分布在定安县南部的龙河、龙门、翰林、富文的坡寨和边缘狭长地带。

定安矿产资源蕴藏丰富，有金属矿铁、金和非金属矿水晶、石墨等 40 多种。植物种类繁多，以乔木群落、次生林稀树灌丛及林下灌木为主共 1 700 多种，境内珍贵树种有子京、黄圮、坡垒、乌墨、母生、青梅、花梨、绿楠、香椿等。

土壤主要分三类型：南部地区以火山喷发的玄武岩和砾岩风化壤土及砂质粘土为主，适宜粮食、橡胶、槟榔种植；中部地区属棕色粘土和沙质壤土，适合荔枝、菠萝、龙眼、花生、胡椒等热作经济作物生长；北部地区属南渡江冲积平原，地势平坦，水源充足，农田基本设施完善。

定安县水资源丰富，集雨面积 100 平方千米以上的河流有 10 条，呈网状分布。中二型水库 2 宗（100 立方米以上库容），小型 66 宗（10~100 立方米库容），山塘 36 宗（10 立方米以下库容）。其中南丽湖是琼北地区最大的人工湖，如今已发展成为集水利灌溉、人畜饮水、淡水养殖、旅游业为一体的综合性水库。

定安县耕地面积 30 多万亩，耕地地力评价根据定安县特定气候区域及地形地貌、成土母质、土壤理化性状、农田基础设施等要素相互作用表现出的综合特征，运用模糊数学理论、层次分析法等数学方法，对该县耕地地力等级进行合理划分。本次耕地地力评价的目的在于探明定安县耕地生产力的高低及其潜在生产力情况。

第一节　耕地地力等级划分

一、耕地地力评价概括

耕地地力评价采用了农业部推荐的评价方法进行综合评价。定安县耕地评价单元有 2 603个，由土壤图与土地利用现状图叠加生成。评价指标体系由立地条件、土壤理化性状，土壤养分状况等三大类 10 个指标组成。

依据模糊数学的理论，将选定的评价指标与耕地生产能力的关系分为戒上型函数、戒下型函数、峰型函数、直线型函数以及概念型 5 种类型的隶属函数。对于前四种函数，用特尔菲法拟合隶属函数，如表 5-1。而概念型指标如成土母质、地貌类型、耕层厚度等，与耕地生产能力之间是一种非线性的关系，采用特尔菲法直接给出隶属度。各评价因素及其隶属度见表 5-2 至 5-4。

表 5-1　评价因素及其隶属函数

项目	隶属函数	C	U_t
pH	$X_2=1/（1+0.422\ 868（X_1-6.79）^2）$	$C=6.8$	$U_1=4，U_2=9.5$
有机质（mg/kg）	$X_2=1/（1+0.005\ 13（X_1-26.709\ 9）^2）$	$C=27$	$U=8$
有效磷（mg/kg）	$X_2=1/（1+0.006\ 799（X_1-21.879\ 1）^2）$	$C=22$	$U=5$
速效钾（mg/kg）	$X_2=1/（1+0.000\ 09（X_1-159.999\ 5）^2）$	$C=160$	$U=30$
交换性镁（mg/kg）	$X_2=1/（1+4.14（X_1-1.0）^2）$	$C=1.0$	$U<0.2$

表 5-2　耕层厚度、排涝能力隶属度及其描述

描述	<12cm	12~14cm	14~16cm	16~18cm	<18cm
隶属度值	0.5	0.7	0.8	0.9	1
描述	强	较强	中	较弱	弱
隶属度值	1	0.8	0.6	0.4	0.2

表 5-3　种植制度、土侵蚀程度隶属度及其描述

描述	一年三熟	一年两熟	一年一熟
隶属度值	0.9	0.8	0.5

（续表）

描述	一年三熟	一年两熟	一年一熟
描述	基本无侵蚀	中度侵蚀	重度侵蚀
隶属度值	1	0.6	0.3

表 5-4　成土母质、质地隶属度及描述

描述	火山灰	河流冲积物	浅海沉积物	玄武岩	花岗岩	砂页岩	紫色砂页岩
隶属度值	1	0.9	0.7	0.6	0.5	0.4	0.3
描述	重壤	轻壤	中壤	沙壤	轻粘	中粘	紧砂	松砂
隶属度值	1	0.8	0.7	0.6	0.6	0.5	0.4	0.3

　　单因素的权重通过层次分析法来确定。首先，根据定安县耕地地力指标各个要素间的关系构造耕地地力评价要素层次结构图；然后邀请专家比较同一层次各因素对上一层次的相对重要性，给出数量化的评估，形成判断矩阵；最终根据判断矩阵计算矩阵的最大特征根与特征向量，并进行一致性检验，求得各评价因素的组合权重，即为评价指标的单因素实际权重（表 5-5）。

表 5-5　定安县耕地地力评价层次分析结果

C	B				组合权重	备注
	B1	B2	B3	B4	$\sum BiCi$	
	0.162 2	0.405 4	0.324 3	0.108 1		
C1	0.545 5				0.088 5	质地
C2	0.454 5				0.073 7	pH
C3		0.166 2			0.067 4	交换性镁
C4		0.332 4			0.134 8	有机质
C5		0.272 8			0.110 6	有效磷
C6		0.228 6			0.092 7	速效钾
C7			0.285 7		0.092 7	土侵蚀程度
C8			0.357 1		0.115 8	成土母质
C9			0.357 1		0.115 8	耕层厚度
C10				0.500 0	0.054 0	种植制度
C11				0.500 0	0.054 0	排涝能力

　　根据加乘法则，在相互交叉的同类中采用加法模型（图 5-1）进行计算综合性指数。

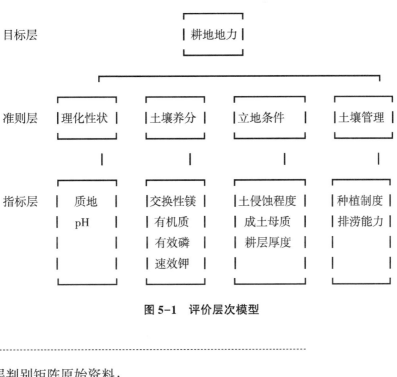

图 5-1　评价层次模型

目标层判别矩阵原始资料：

1. 000 0	0. 400 0	0. 500 0	1. 500 2
2. 500 0	1. 000 0	1. 250 0	3. 750 9
2. 000 0	0. 800 0	1. 000 0	3. 000 3
0. 666 6	0. 266 6	0. 333 3	1. 000 0

特征向量：［0. 162 2，0. 405 4，0. 324 3，0. 108 1］

最大特征根为：4. 000 0

$CI = 1.938\ 268\ 015\ 422\ 3E{-}06$

$RI = 0.9$

$CR = CI/RI = 0.000\ 002\ 15 < 0.1$

准则层（1）判别矩阵原始资料：

1. 000 0	1. 200 0
0. 833 3	1. 000 0

特征向量：［0. 545 5，0. 454 5］

最大特征根为：2. 000 0

$CI = -2.000\ 020\ 000\ 392\ 23E{-}05$

$RI = 0$

$CR=CI/RI=0.000\ 000\ 00<0.1$

一致性检验通过！

准则层（2）判别矩阵原始资料：

1. 000 0	0. 500 0	0. 609 3	0. 727 3
2. 000 0	1. 000 0	1. 218 6	1. 454 5
1. 641 2	0. 820 6	1. 000 0	1. 193 6
1. 375 0	0. 687 5	0. 837 8	1. 000 0

特征向量：〔0. 166 2，0. 332 4，0. 272 8，0. 228 6〕

最大特征根为：4. 000 0

$CI=-2.445\ 838\ 070\ 149\ 38E-06$

$RI=0.9$

$CR=CI/RI=0.000\ 002\ 72<0.1$

一致性检验通过！

准则层（3）判别矩阵原始资料：

1. 000 0	0. 800 0	0. 800 0
1. 250 0	1. 000 0	1. 000 0
1. 250 0	1. 000 0	1. 000 0

特征向量：〔0. 285 7，0. 357 1，0. 357 1〕

最大特征根为：3. 000 0

$CI=0$

$RI=0.58$

$CR=CI/RI=0.000\ 000\ 00<0.1$

一致性检验通过！

准则层（4）判别矩阵原始资料：

| 1. 000 0 | 1. 000 0 |
| 1. 000 0 | 1. 000 0 |

特征向量：〔0. 500 0，0. 500 0〕

最大特征根为：2. 000 0

$CI=0$

$RI=0$

$CR = CI/RI = 0.000\ 000\ 00 < 0.1$

一致性检验通过！

层次总排序一致性检验：

$CI = -4.234\ 890\ 520\ 986\ 49E-06$

$RI = 0.552\ 985\ 368\ 887\ 926$

$CR = CI/RI = 0.000\ 007\ 66 < 0.1$

总排序一致性检验通过！

二、耕地地力综合指数分级方案

根据定安县耕地地力综合指数计算结果，结合本地区的实际，运用累积曲线法对定安县耕地地力综合指数进行分级，具体方案见表5-6。

表5-6 定安县耕地地力评价等级划分方案

级别	综合指数	级别	综合指数
一级	≥0.82	四级	0.70~0.67
二级	0.82~0.75	五级	≤0.67
三级	0.75~0.70		

三、耕地地力等级划分结果

根据定安县耕地地力等级划分方案，对每一个评价单元进行等级划分，并按土种类型和乡镇分布分别进行统计。

（一）定安县不同土种类型耕地地力等级划分

根据不同土种类型耕地地力等级的分布情况可知，不同土种类型的耕地地力等级分布不均（表5-7）。

表5-7 定安县不同土种类型耕地地力等级划分结果 （亩）

土种	一级	二级	三级	四级	五级	总计
白鳝泥田	0.00	0.00	73.42	188.59	0.00	262.01
薄有机质层薄层火山灰玄武岩砖红壤	130.28	1 004.96	148.58	0.00	0.00	1 283.82
薄有机质层厚层砂页岩砖红壤	0.00	0.00	0.00	0.00	257.46	257.46
薄有机质层中层玄武岩砖红壤	0.00	0.00	0.00	33.03	0.00	33.03

（续表）

土种	一级	二级	三级	四级	五级	总计
彩土田	0.00	50.10	0.00	0.00	0.00	50.10
潮沙泥田	49.36	0.00	0.00	0.00	0.00	49.36
赤底青泥田	1 448.73	507.11	153.24	345.93	15.57	2 470.58
赤坜土田	0.00	863.78	213.17	0.00	0.00	1 076.95
赤泥地	0.00	923.99	0.00	0.00	0.00	923.99
赤泥肉田	0.00	200.43	37.47	0.00	0.00	237.89
赤青泥格田	0.00	128.48	188.75	112.45	61.54	491.21
赤沙泥田	0.00	353.39	261.57	179.29	0.00	794.25
赤土田	1 386.39	356.58	130.76	0.00	0.00	1 873.73
赤粘土地	502.15	182.74	4 309.00	142.86	0.00	5 136.75
黑坜土田	139.99	700.97	0.00	0.00	0.00	840.95
黑泥底田	0.00	0.00	165.94	0.00	0.00	165.94
黑沙坜田	0.00	876.53	393.97	0.00	0.00	1270.50
后基质层厚层 玄武岩水化砖红壤	0.00	0.00	1 985.43	0.00	0.00	1 985.43
厚有机质层薄 层砂页岩砖红壤	0.00	0.00	424.95	263.08	2 502.54	3 190.56
厚有机质层薄 层玄武岩砖红壤	0.00	0.00	117.82	0.00	0.00	117.82
厚有机质层厚 层花岗岩砖红壤	0.00	0.00	528.28	0.00	0.00	528.28
厚有机质层厚 层砂页岩砖红壤	0.00	201.68	2 257.17	3 078.56	2 473.71	8 011.12
厚有机质层厚 层水化花岗岩砖红壤	1 569.98	326.50	141.31	0.00	0.00	2 037.79
厚有机质层厚 层玄武岩水化砖红壤	880.44	181.88	0.00	0.00	0.00	1 062.32
厚有机质层厚 层玄武岩砖红壤	762.50	41.39	593.64	0.00	0.00	1 397.53
厚有机质层中 层砂页岩砖红壤	49.81	241.21	249.05	224.85	147.13	912.05
厚有机质层中 层水化花岗岩砖红壤	377.48	0.00	1 146.79	0.00	0.00	1 524.26
厚有机质层中层玄武岩砖红壤	50.48	0.00	69.52	0.00	0.00	120.00
厚有机质厚层花岗岩砖红壤	516.10	9.12	0.00	0.00	0.00	525.22
厚有机质厚层 砂页岩水化砖红壤	126.69	330.41	0.00	0.00	0.00	457.11

（续表）

土种	一级	二级	三级	四级	五级	总计
黄赤沙土地	1 565.09	173.39	446.63	265.09	0.00	2 450.19
黄赤粘土地	0.00	0.00	330.04	0.00	0.00	330.04
黄铁子赤土地	89.40	17.44	0.00	0.00	0.00	106.84
黄铁子底赤土地	0.00	106.34	0.00	141.10	0.00	247.44
灰潮沙泥土	223.64	66.84	0.00	0.00	0.00	290.48
灰黄赤土赤沙泥	1 615.69	40.47	1 096.70	0.00	0.00	2 752.87
灰黄页赤土	0.00	194.12	0.00	0.00	0.00	194.12
灰黄页沙泥	252.25	32.76	561.35	0.00	0.00	846.36
灰黄页沙土	0.00	107.49	0.00	0.00	0.00	107.49
灰砾石幼龄赤土	3 688.06	8 487.29	108.93	0.00	0.00	12 284.28
灰麻赤泥土	163.45	0.00	478.53	1 335.73	0.00	1 977.71
灰麻赤沙泥土	0.00	0.00	1 759.41	92.94	0.00	1 852.35
灰麻沙仔土	0.00	2 752.15	16.99	86.69	0.00	2 855.83
灰铁子底幼龄赤粘土	1 060.28	3 736.07	0.00	0.00	0.00	4 796.35
灰铁子幼龄赤土	0.00	3 089.39	0.00	0.00	0.00	3 089.39
灰幼龄赤泥	0.00	8 641.83	0.00	0.00	0.00	8 641.83
灰幼龄赤土	0.00	8 578.66	7.53	0.00	0.00	8 586.19
灰幼龄赤粘土	19 605.17	1 244.00	0.00	0.00	0.00	20 849.17
冷底田	0.00	0.00	128.02	207.43	0.00	335.45
冷浸田	74.28	369.66	0.00	0.00	0.00	443.94
麻底青泥田	206.00	0.00	1 288.06	0.00	0.00	1 494.06
麻坜土田	0.00	14.58	38.58	0.00	0.00	53.16
麻沙漏田	151.82	6.45	545.61	0.00	0.00	703.88
麻沙土田	0.00	374.87	7.95	232.88	0.00	615.71
麻土田	635.03	1 560.15	1 250.40	425.20	0.00	3 870.78
浅海赤沙泥田	0.00	0.00	670.28	610.86	0.00	1 281.13
浅海赤土田	91.39	492.54	323.28	56.71	0.00	963.92
浅海底青泥田	0.00	192.19	0.00	0.00	0.00	192.19
浅脚半沙坜田	0.00	253.47	612.47	0.00	16.97	882.90
浅脚赤土田	0.00	0.00	146.38	0.00	0.00	146.38
浅脚黑石土田	157.49	103.47	0.00	19.90	0.00	280.86
铁盘底田	0.00	0.00	287.47	0.00	0.00	287.47
浅脚麻沙泥田	0.00	332.82	29.43	0.00	0.00	362.25

（续表）

土种	一级	二级	三级	四级	五级	总计
浅脚麻沙土田	0.00	426.48	0.00	0.00	0.00	426.48
浅脚页粗沙土田	0.00	0.00	0.00	0.00	76.54	76.54
浅脚页泥沙田	0.00	0.00	0.00	0.00	271.02	271.02
浅脚页沙泥田	0.00	0.00	159.75	0.00	0.00	159.75
浅脚页沙土田	0.00	7.93	0.00	49.60	459.39	516.92
上位砾石页沙土地	0.00	0.00	322.96	0.00	5 549.39	5 872.35
上位铁子厚有机质层厚层砂岩砖红壤	0.00	0.00	130.77	86.23	0.00	217.00
上位铁子页沙土地	0.00	0.00	1 942.18	0.00	8 143.81	10 085.99
深涟田	50.45	156.45	86.34	21.57	0.00	314.81
生赤土田	127.70	17.99	0.00	0.00	0.00	145.69
石子黑土田	0.00	55.74	0.00	0.00	0.00	55.74
顽泥田	109.83					109.83
乌赤土田	0.00	178.21	82.75	0.00	0.00	260.96
乌黑坺土田	361.46	418.88	0.00	0.00	0.00	780.35
乌泥底田	624.05	525.60	74.06	438.22	0.00	1 661.93
玄武岩石质土	0.00	0.00	370.39	0.00	69.69	440.08
鸭屎泥田	170.44	26.42	117.31	0.00	0.00	314.18
页赤土地	0.00	486.61	0.00	0.00	0.00	486.61
页底青泥田	66.49	15.76	1223.90	0.00	74.20	1 380.34
页泥肉田	0.00	0.00	337.17	0.00	0.00	337.17
页沙漏田	15.66	37.09	271.71	245.60	0.00	570.07
页沙泥地	129.20	1 884.33	17 773.69	1 297.40	735.38	21 820.00
页沙泥土田	1 442.16	2 907.78	25 233.07	6 574.02	5 457.39	41 614.41
页沙土地	0.00	1 631.60	1 672.04	48 816.66	22 608.35	74 728.65
页沙土田	231.83	921.43	895.23	4 029.06	1 897.12	7 974.67
页乌泥土田	33.59	0.00	82.61	26.55	129.09	271.83
页粘土田	179.37	28.34	2 965.65	682.57	310.88	4 166.80
中位铁子中厚层玄武岩砖红壤	0.00	0.00	0.00	0.00	2 464.46	2 464.46
中有机质层薄层砂页岩砖红壤	223.34	1 609.25	513.67	708.90	582.23	3 637.40
中有机质层薄层玄武岩砖红壤	0.00	41.95	0.00	0.00	1 165.75	1 207.70
中有机质层厚层砂页岩砖红壤	0.00	168.16	0.00	829.73	0.00	997.89
中有机质层中层砂页岩砖红壤	0.00	0.00	143.71	0.00	174.56	318.27
中有机质层中层玄武岩砖红壤	0.00	0.00	516.64	0.00	0.00	516.64

（续表）

土种	一级	二级	三级	四级	五级	总计
中有机质厚层花岗岩砖红壤	156.04	621.44	144.51	0.00	18.58	940.57
紫沙泥田	0.00	243.70	0.00	21.50	0.00	265.20
渍水田	0.00	45.70	0.00	0.00	0.00	45.70
全部	41 491.01	60 906.53	78 783.96	71 870.75	55 662.75	308 715.00

不同土种类型中，以灰幼龄赤粘土的面积最大，为 19 605 亩，占该土种总面积的94.0%，表明该类型土种耕地地力水平最高。其他土种类型中，一级耕地超过 1 000 亩的有灰砾石幼龄赤土、灰黄赤土赤沙泥、厚有机质层厚层水化花岗岩砖红壤、黄赤沙土地、赤底青泥田、页沙泥土田、赤土田和灰铁子底幼龄赤粘土，但一级耕地所占对应土种总面积比例差异较大，如页沙泥土田对应一级耕地面积为 1 442 亩，但仅占该类型耕地总面积的 3.5%。从分布比例上来看，顽泥田、潮沙泥田、厚有机质厚层花岗岩砖红壤、灰幼龄赤粘土、生赤土田、黄铁子赤土地和厚有机质层厚层玄武岩水化砖红壤的一级耕地面积比例均在 80% 以上，表明该几种类型土种对应耕地的地力均较高。

二级耕地面积分布较广的土种为灰幼龄赤泥、灰幼龄赤土和灰砾石幼龄赤土，该三种类型土种对应二级耕地面积均超过 8 000 亩，分别占对应土种全部面积的 100.0%、99.9% 和 69.1%；且灰铁子幼龄赤粘土和灰铁子幼龄赤土的二级耕地面积也都超过 3 000亩，比例分别为 77.9% 和 100.0%。表明此几种类型土种主要为二级耕地，可能是由其自身土壤性质所致。不同类型土种的二级地面积比例分布也不均，有灰幼龄赤泥等 19 种类型土种的二级耕地面积超过其总面积的 80%；有顽泥田等 32 种土种未分布有该等级耕地，面积共计为 37 080 亩。

三级耕地在不同土种类型中分布极度不均，页沙泥土田和页沙泥地的面积最大，分别为 25 233 亩和 17 774 亩，占全部三级耕地的 54.6%。三级耕地面积较大的土种还有粘赤土地、页粘土田和厚有机质层厚层玄武岩水化砖红壤，其二级耕地面积分别为 4 309、2 966 和 2 257 亩，所占对应土种总面积比例分别为 83.9%、71.2% 和 28.2%。此类耕地的地力处于中等水平。

三级地在五种等级耕地中分布最为广泛，其总面积为 78 784 亩，占全部耕地的25.5%。该等级耕地中面积分布最广的土种为麻赤砂泥田、红赤砂质地、麻赤砂质田和中厚麻赤土，其中，麻赤砂泥田的面积为 18 021 亩，占该土种总面积的 22.36%，红赤砂质地、麻赤砂质田和中厚麻赤土的面积为 11 834、11 292 和 6 921 亩，分别占该土种总面积的 14.69%、14.01% 和 8.59%。这些土种耕地地力处于中等水平。

四级耕地也分布较广，仅次于三级耕地的分布，其面积为 71 870 亩，比例为 23.3%。

该等级耕地中，页沙泥地分布面积最广，为 4 817 亩，占该等级耕地总面积的 67.92%，表明该类型土种耕地的地力整体处于中等较差水平。四级耕地面积较大的土种类型还有页沙泥土田、页沙土田和厚有机质层厚层砂页岩砖红壤，此三土种耕地的第四等级耕地面积均在 3 000 亩以上，其面积占对应土种总面积的 15.8%、50.5% 和 38.4%。四种类型土种的该等级耕地面积比例较高，分别为薄有机质层中层玄武岩砖红壤、中有机质层厚层砂页岩砖红壤、白鳝泥田和灰麻赤泥土，其面积比例分别为 100.0%、83.1%、72.0% 和 67.5%，表明此类型土种耕地的地力水平普遍偏低。

五级耕地中面积分布最广的土种为页沙土地，其面积高达 22 608 亩，占此等级耕地总面积的 40.62%。上位铁子页沙土地、上位砾石页沙土地和页沙泥土田的第五等级耕地面积也都较高，均达到 5 000 亩，所占对应土种类型总面积的 80.7%、94.5% 和 13.1%。

（二）定安县各镇耕地地力等级划分

从表 5-8 可以看出，定安县耕地一、二、三、四和五级的面积分别占全县耕地总面积的 4.8%、32.7%、35.6%、11.5% 和 15.4%（图 5-2），该县耕地主要为二、三、四级，此三种等级耕地约占全县耕地的 80%，故定安县耕地地力为中等水平。地力等级高的一、二和三级耕地主要分布于山麓平原区、平原区以及沿河两岸。

表 5-8   定安县各镇耕地地力等级划分结果 （亩）

乡镇	一级	二级	三级	四级	五级	总计
定城镇	0.00	1 949.59	15 160.23	8 079.26	5 875.18	31 064.26
富文镇	0.00	354.32	10 347.47	7 586.73	19 893.71	38 182.23
翰林镇	2 173.50	4 581.79	2 089.73	1 188.81	157.80	10 191.64
黄竹镇	29 787.40	10 294.82	8 364.45	1 456.36	283.01	50 186.05
雷鸣镇	1 122.62	5 797.07	9 299.69	31 469.05	12 037.65	59 726.08
岭口镇	449.73	11 635.62	5 520.98	1 153.72	509.96	19 270.00
龙河镇	8 550.02	19 826.00	1 432.05	1 573.28	1 134.10	32 515.43
龙湖镇	0.00	132.38	7 116.66	6 729.15	8 856.34	22 834.53
龙门镇	1 259.74	8 584.45	9 353.65	3 028.90	4 048.84	26 275.59
新竹镇	0.00	13.04	6 656.83	9 093.37	2 705.95	18 469.18
总计	41 606.33	61 048.63	78 354.78	71 887.79	55 817.48	308 715.00

定城镇耕地总面积为 31 064 亩，耕地以三、四和五级耕地为主，该三类等级占全镇耕地面积的 93.7%，说明该镇耕地地力等级为中等偏下。一级耕地在该镇没有分布。二级耕地面积为 1 950 亩，占耕地总面积的 6.3%，零星分布于仙屯村、美南村和潭黎村等

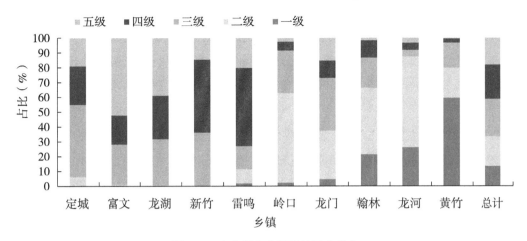

图 5-2　定安县各乡镇耕地地力分布

地。三级耕地面积为 15 160 亩，占全镇耕地比例为 48.8%，主要分布于罗温村、美南村、潭黎村、春内村、田洋村和高良村等地，土地利用方式主要为灌溉水田和旱地。四级耕地面积为 8 079 亩，占全镇耕地比例为 26.0%，主要利用类型为水田和旱地。等级最低的耕地面积为 5 875 亩，占定城镇耕地总面积的 18.9%，主要分布于田洋村、下寨村、高良村和深田村一带。

富文镇耕地总面积为 38 182 亩，耕地主要以三、四和五级耕地为主，共占该镇耕地总面积的 99.1%，且五级耕地比例高于 50%，表明该镇耕地地力水平偏低。该镇没有一级耕地分布，二级耕地比例也较低，仅为 0.9%，呈树枝状分布于五级耕地之间，仅在白鹤村和高塘村等少数地带分布。三级耕地面积为 10 347 亩，面积比例为 27.1%，分布于该镇南部地区。四级耕地为 7 587 亩，成片分布于该镇南部地区。五级耕地面积为 19 894 亩，面积比例为 52.1%，成片分布于该镇中东部地区。因此，该镇地力水平偏低。

翰林镇耕地总面积为 10 192 亩，面积较小，仅占全县耕地的 3.30%。该镇耕地主要为一、二和三级耕地，该三种等级共占翰林镇耕地总面积的 85% 左右，表明该镇耕地地力水平为中等偏上。一级耕地面积为 2 174 亩，比例为 21.3%，成片分布于翰林镇北部地区，主要地形为山麓平原。二级耕地为 4 582 亩，比例最高，为 45.0%，分布于翰林镇中部地区，地形主要为山麓平原。三级耕地呈带状分布于山麓向平原过度地带，面积为 2 090 亩，占全镇耕地的 20.5%。四级耕地比例为 11.7%，为 1 189 亩，主要分布于该镇的东南部和西北部。五级耕地面积较少，仅占全镇耕地的 1.5%，呈斑状分布于三级耕地内。总体来看，该镇耕地地力水平为中等偏上。

黄竹镇的耕地面积为 50 186 亩，该镇的一级耕地占全镇耕地总面积的 59.4%，故其耕地地力为上等水平。一级耕地成片分布于该镇东西两端，面积为 29 787 亩，比例为 59.4%，西部呈树枝状展布的一级耕地可能与水系分布有关。二级耕地面积为 10 295 亩，为全镇耕地的 20.5%，虽然该等级耕地比例为中等水平，但主要零星分布于黄竹镇西南部平原地区和呈树枝状夹杂分布于西部一级耕地内。三级耕地为 8 365 亩（16.7%），主要分布于该镇西北部地区，在南部平原区也有零星分布。四级和五级耕地比例均较低，分别为 2.9% 和 0.6%，夹杂分布于其他等级耕地内。综上，该镇的耕地地力水平较高，为上等水平。

雷鸣镇的耕地主要为三、四、五级耕地，此三类地面积总计为 52 806 亩，占全镇耕地（59 726 亩）的 90% 左右，故该镇的耕地地力水平偏低。一级和二级耕地面积和比例均较低，面积分别为 1 123 亩和 5 797 亩，占该镇耕地的 1.9% 和 9.7%，该两等级耕地呈树枝状夹杂分布于四级耕地中。三级耕地面积为 9 300 亩，呈带状分布于雷鸣镇西南部平原区。四级耕地面积比例最大，为 52.7%，其面积为 31 469 亩，成片分布于该镇的北部平原地区，其中夹杂分布有一级和二级耕地，呈枝状分布的高等级耕地可能与区内河流水系分布有关。最低等级的五级耕地面积为 12 038 亩，所占比例为 20.2%，与富文镇东部的五级耕地相连，片状分布于该镇西侧平原区。因此，该镇的耕地地力水平偏低。

岭口镇位于定安南部，地形以山麓平原区为主，该镇耕地面积为 19 270 亩，主要以二级和三级耕地为主，分别占全镇耕地的 60.4% 和 28.7%，表明该镇耕地地力水平为中等偏上。一级耕地面积和比例均较低，为 450 亩（2.3%），斑状分布于该镇北部地区，周围被二级耕地包围。二级耕地分布最广，面积为 11 636 亩，占全镇耕地的 60.4%，成片分布于北部、东部和南部地区，主要地形为山麓平原。三级耕地占全镇耕地的 28.7%，其面积为 5 521 亩，主要分布在该镇的北部山麓地区。四级耕地和五级耕地面积均较小，分别为 1 154 亩和 510 亩，四级耕地主要在北部山麓地区和西南部与翰林、龙河镇交界地区有斑状分布，五级耕地则零星夹杂分布于二级耕地内。综上所述，该镇耕地水平为中等偏上。

龙河镇耕地面积为 32 515 亩，占全县耕地的 10.5%，主要以一级和二级耕地为主，此两等级耕地占该镇耕地的 87.3%，表明龙河镇的耕地地力等级水平较高，为上等水平。该镇一级耕地面积为 8 550 亩，比例为 26.3%，分布于该镇中西部的山麓平原区。二级耕地在各等级耕地中面积最大，为 19 826 亩，占全镇耕地的 61.0%，围绕一级耕地分布，主要分布地形为山麓平原区。三级、四级和五级耕地面积均相对较低，分别为 1 432、1 573 和 1 134 亩，所占比例也较低，共占全镇耕地的 12.7%，此三种等级耕地零星分布于龙河镇北部和南部地区。根据各等级耕地的面积和分布特征，可知该镇耕地地力属于上等水平。

龙湖镇的耕地地力水平偏低，属于中下等水平，该镇耕地面积为 22 835 亩，其中三、四和五等级耕地共占全镇耕地的 99.4%，表明该镇的耕地地力水平较低。一级耕地在该镇没有分布，二级耕地面积也不高，仅为 132 亩，仅占全镇耕地的 0.6%，斑状分布于该镇西部区域。三级耕地面积为7 117亩，所占比例为31.2%，是该镇的主要分布的等级之一，主要分布于该镇的中部平原区，和四级耕地夹杂分布。四级耕地面积比三级耕地略低，其面积为6 729亩，占该镇耕地的29.5%，分布于东部和南部平原区。五级耕地面积分布最广，为8 856亩，其所占比例为38.8%，主要分布于该镇的西部地区，呈带状南北分布，其中夹杂有二级耕地分布。综上所述，该镇耕地地力等级为中下等水平。

龙门镇位于定安县的中南部地区，西部与南部分别与龙河镇和岭口镇相邻，东部与北部分别与黄竹镇和雷鸣镇接壤，该镇的耕地地力等级为中等，各等级耕地均有分布，其中二级和三级耕地比例之和接近70%，故该镇耕地地力为中等偏上水平。一级耕地面积为1 260亩，占全镇耕地的4.8%，主要分布于该镇的北部平原区。二级耕地比例较高，为32.7%，其面积为8 585亩，主要分布在与岭口和龙河镇相邻的镇边界平原区。三级耕地在该镇分布最广，其面积和比例分别为9 354亩和35.6%，三级耕地在龙门镇周围平原区均有分布，且中南部区域相对较为集中。四级耕地面积为3 029亩，所占比例为11.5%，呈带状夹杂分布于二级耕地分布区内。五级耕地在该镇仅为15.4%，其面积为4 049亩，虽然该等级耕地比例较低，但分布较为集中，主要分布于北部与雷鸣镇接壤的区域。据该镇的各等级耕地分布情况可知，龙门镇的耕地地力为中等水平。

新竹镇位于定安的西北部，耕地地力偏低，主要以三级和四级为主，该两等级耕地共占该镇耕地的85.3%，表明该镇的耕地地力为中等偏下水平。一级耕地在该镇未有分布，二级耕地面积也极低，仅为13亩。三级耕地面积为6 657亩，所占比例为36.0%，呈带状分布于该镇的中部地区。四级耕地在该镇分布最广，约占全部耕地的50%，其面积为9 093亩，呈带状展布于新竹镇内。五级耕地面积为2 706亩，由于该镇耕地面积总量不高，为18 469亩，故该等级耕地占全镇耕地的比例也不低，为14.7%，主要分布于该镇的北部平原区。综上所述，该镇耕地地力为中等偏下水平。

第二节　耕地地力等级描述

按照耕地地力综合指数分级方案对每一个评价单元进行等级划分，并按累积曲线法将定安县耕地分为五级，并通过调查将耕地地力综合指数转换为概念性产量，用县耕地地力一至五级分别对应于全国耕地地力等级体系的四至八级，评价结果表明定安县耕地地力处于中下水平。现对各级耕地的面积分布情况和主要分布特点加以描述。

一、一级地

（一）面积与分布

全县一级耕地41 606亩，占耕地总面积的13.5%，在各乡镇间分布不均，定城、富文、龙湖和新竹镇均没有分布，且在雷鸣、岭口和龙门镇的分布面积也较少，分别为1 123、450和1 260亩。该等级耕地主要分布于黄竹、翰林和龙河镇三个镇，面积分别为29 787、2 174和8 550亩，分别占一级耕地总面积的71.2%、5.2%和20.5%。

（二）主要特点

一级地主要分布在该县南部和东部平原地带，土壤质地适中，灌溉条件优越的水系河网地区。耕地土壤母质类型为火山灰、浅海沉积物、玄武岩、砂页岩、花岗岩和河流冲积物，其耕层厚度范围为11~31厘米，一级地的养分情况统计结果如表5-9所示。土壤有机质含量范围为2.9~44.5克每千克，均值为20.4克每千克，标准差为7.6。土壤有效磷含量范围为11.9~45.4毫克每千克，平均含量22.5毫克每千克，标准差4.7。速效钾含量均值为49.4毫克每千克，其含量范围为23.0~75.0毫克每千克，标准差为11.7。土壤交换性镁的平均含量为83.9毫克每千克，含量范围和标准差分别为50.3~127.8毫克每千克和22.6。土壤pH的变幅为4.7~5.1，均值和标准差分别为4.9和0.1。

表5-9　一级地土壤养分统计表

项 目	最小值	最大值	平均	标准差
有机质（g/kg）	2.9	44.5	20.4	7.6
有效磷（mg/kg）	11.9	45.4	22.5	4.7
速效钾（mg/kg）	23.0	75.0	49.4	11.7
交换镁（mg/kg）	50.3	127.8	83.9	22.6
pH	4.7	5.1	4.9	0.1

二、二级地

（一）面积与分布

全县二级耕地总面积61 049亩，占耕地总面积的19.8%。其中龙河镇的面积最大，为19 826，占二级地面积的32.0%，其次为岭口镇和黄竹镇，其二级耕地面积均超过10 000亩，所占二级耕地面积分别为19.1%和16.9%，在新竹镇未有该等级耕地分布。

（二）主要特点

二级地主要分布在该县中南部各镇，主要成土母质为砂页岩、浅海沉积物、河流沉积物、花岗岩、火山灰、玄武岩和紫色砂页岩，耕地耕层厚度为9~32厘米。该等级耕地的养分指标统计结果如表5-10所示，pH在4.6~5.6，平均4.9。有机质含量1.4~32.2克每千克，平均10.9克每千克，标准差6.5。土壤有效磷含量范围为7.7~132.6毫克每千克，平均含量24.3毫克每千克。速效钾为18.0~76.0毫克每千克，含量均值为

42.4毫克每千克，变异系数为9.6。交换性镁含量为48.5~128.2毫克每千克，平均含量为75.4毫克每千克。

表5-10　二级地土壤养分统计表

项目	最小值	最大值	平均	标准差
有机质（g/kg）	1.4	32.2	10.9	6.5
有效磷（mg/kg）	7.7	132.6	24.3	11.5
速效钾（mg/kg）	18.0	76.0	42.4	9.6
交换镁（mg/kg）	48.5	128.2	75.4	17.3
pH	4.6	5.5	4.9	0.1

三、三级地

（一）面积与分布

全县三级耕地总面积78 355亩，占耕地总面积的25.4%，是全县最主要的耕地，分布面积最广。该等级耕地在各镇均有分布，其中以定城镇和富文镇分布最广，分别为15 160亩和10 347亩，占三级地的19.3%和13.2%，龙河镇的三级耕地分布较少，只为1 432亩，占三级耕地总面积的1.8%。

（二）主要特点

三级地主要分布在丘陵区的丘间洼地、低丘坡麓的中下部地区。成土母质以浅海沉积物、砂页岩、花岗岩、玄武岩、火山灰和河流冲积物为主，耕层厚度在4~32厘米。三级地的养分统计结果见表5-11。耕层养分含量水平中等，土壤有机质含量范围为0.9~14.0克每千克平均值为4.9克每千克，pH范围为4.7~5.5，均值为5.0；有效磷含量范围6.3~134.4毫克每千克，其含量均值为29.1毫克每千克；速效钾在20.0~83.0毫克每千克范围内，平均含量39.8毫克每千克，交换性镁含量为46.5~131.4毫克每千克，平均为82.8毫克每千克。

表5-11　三级地土壤养分统计表

项目	最小值	最大值	平均	标准差
有机质（g/kg）	0.9	14.0	4.9	2.1
有效磷（mg/kg）	6.3	134.4	29.1	15.6
速效钾（mg/kg）	20.0	83.0	39.8	7.7
交换镁（mg/kg）	46.5	131.4	82.8	16.7
pH	4.7	5.5	5.0	0.2

四、四级地

（一）面积与分布

全县四级耕地总面积为 71 888 亩，占全县耕地总面积的 23.3%。该等级耕地在全县各镇均有分布，其中以雷鸣镇分布面积最广，为 31 469 亩，占四级耕地总面积的 43.8%。

（二）主要特点

全县的四级地主要分布在该县的北部平原区，主要的土壤母质为浅海沉积物、砂页岩、花岗岩、玄武岩、火山灰和紫色砂页岩等。耕层厚度 9~32 厘米，平均值为 16 厘米。四级地的养分统计结果见表 5-12。耕层养分含量水平一般，土壤 pH 为 4.6~5.4，平均pH 为 5.0；土壤有机质含量范围为 1.4~10.8 克每千克，平均含量为 5.3 克每千克；有效磷含量 5.2~90.5 毫克每千克，含量均值为 22.9 毫克每千克；速效钾含量范围 23.0~81.0 毫克每千克，其平均含量为 41.9 毫克每千克，土壤中交换性镁含量在 51.5~137.2毫克每千克之间，其均值为 86.6 毫克每千克。

表 5-12　四级地土壤养分统计表

项目	最小值	最大值	平均	标准差
有机质（g/kg）	1.4	10.8	5.3	1.6
有效磷（mg/kg）	5.2	90.5	22.9	10.1
速效钾（mg/kg）	23.0	81.0	41.9	6.8
交换镁（mg/kg）	51.5	137.2	86.8	14.6
pH	4.6	5.4	5.0	0.1

五、五级地

（一）面积与分布

全县五级耕地面积为 55 817 亩，占总耕地面积 18.1%，各镇均有分布，但分布不均，其中以富文镇和雷鸣镇分布面积最广，分别为 19 894 亩和 13 038 亩，分别占该等级耕地的 35.6% 和 21.6%，岭口镇的五级耕地面积最少，仅为 509.96 亩，比例也较低，为 0.9%。

（二）主要特点

主要分布于该县中西部地区，土壤母质主要为砂页岩、玄武岩、花岗岩和河流冲积物等，耕层厚度范围 4~22 厘米，均值为 15 厘米。该等级耕地的养分特征如表 5-13 所

示，表明其养分含量水平一般，土壤有机质含量范围为 2.7~8.8 克每千克，平均含量为
4.9 克每千克；土壤 pH 范围变幅较窄，为 4.6~5.4，平均 pH 为 4.9；土壤有效磷含量范
围为 3.9~61.2 毫克每千克，含量均值为 14.4 毫克每千克；速效钾含量在 29.0~76.0 毫
克每千克之间，其含量均值为 46.4 毫克每千克；土壤交换性镁的范围为 50.4~123.0 毫
克每千克，其均值为 88.9 毫克每千克。

表 5-13 五级地土壤养分统计表

项目	最小值	最大值	平均	标准差
有机质（g/kg）	2.7	8.8	4.9	1.3
有效磷（mg/kg）	3.9	61.2	14.4	7.9
速效钾（mg/kg）	29.0	76.0	46.4	7.6
交换镁（mg/kg）	50.4	123.0	88.9	12.4
pH	4.6	5.4	4.9	0.1

第六章　耕地资源利用的对策和建议

土地是人类赖以生存和发展的最基本的物质基础，是作物生产的前提。耕地是土地的精华，是人们获取粮食与其它农产品不可替代的生产资料。定安县土地总面积1 177.70平方千米，土地资源不能满足定安县发展现代化农业的需要。因此，在土地资源匮乏情况下，保护好耕地，提高耕地质量，提高土地的利用率，增加作物产量和提高作物质量来增加农民的收入显的极其重要。在耕地保护中，不仅要注重耕地的数量，还要注重耕地的质量及其基础生产能力。本次调查是为探索农业中土地存在问题，寻找农业科学发展的出路。以便科学合理地利用土地资源，满足定安县农业对土地资源的需求。

第一节　耕地资源改良利用状况

一、耕地利用状况

全县可利用土地面积178.1万亩，其中耕地面积72.24万亩，可开发的坡地、荒地60万亩，土地资源丰富，土地肥沃。土壤主要分三类型：南部地区以火山喷发的玄武岩和砾岩风化壤土及砂质粘土为主，适宜粮食、橡胶、槟榔种植；中部地区属棕色粘土和沙质壤土，适合荔枝、菠萝、龙眼、花生、胡椒等热作经济作物的生长条件；北部地区属南渡江冲积平原，地势平坦，水源充足，农田基本设施完善，是全县瓜菜主要产地，近年来冬种瓜菜发展快速，主要品种有小番茄、青龙丝瓜、大顶苦瓜、南瓜、冬瓜、豆角、尖椒、圆椒等。

二、耕地的利用方式

随着改革开放的深入，以及"三农问题"的提出和解决，定安县农村经营体制、耕作制度、种植结构、种植规模都发生根本性的变化。改变了原来水稻种植为主的耕作方式。大力发展槟榔、香蕉、荔枝和橡胶等热带经济作物、热带水果、冬季蔬菜生产，同时注意庭院经济的发展，提高复种，树立了基本以经济作物为主的农业生产方式。极大地增加了农民的收入，提高了生活水平。同时境内分布的农场，为传统的个体农业向着现代集约化农业的转变提供了良好的条件。

三、作物产量

随着杂交水稻的推广种植，定安县不断引进优质水稻新品种，同时提高耕作水平，水稻年亩产从海南建省前的不足 300 千克增加到 2006 年的 356 千克，据统计，2015 年粮食总产 120 312.42 吨，谷类产量 10 1120.5 吨，番薯产量 13 624.61 吨，豆类产量 5 567.31 吨；瓜菜生产总量 238 897.21 吨；水果总产达 71 682.50 吨，其中香蕉产量达 18 230.90 吨，荔枝产量 20 182.00 吨；热带作物橡胶产量 12 239.20 吨，槟榔产量 17 555.40 吨。

第二节　耕地土壤改良情况

与第二次全国土壤调查相比，耕地养分含量有下降，但不明显，而菜园地由于大量化肥的使用，使得养分含量较高，尤其是磷的含量很高。在培肥土壤工作中，还未取得进展，耕地退化面积日渐增加，且表现出多种形式。

一、农田基础设施建设

2010 年，定安县抓住冬季农田水利基本建设的大好机遇，积极引导，创新机制，多方吸引资金投入水利建设，形成了以政府投入为主导，农民自愿投入为基础，社会其他经济组织参与的多渠道投入机制，探索一个"政府引导、部门搭台、市场运作、群众参与的投入运营模式"。一是增加财政投入。2010 年度投入农田水利基本建设资金 11 864.9 万元，比上年度 6 602.65 万元增加 5 262.25 万元；二是整合涉农资金。坚持把农业综合开发、国土整治、扶贫项目等专项资金整合使用，采取资金按原渠道管理，项目建设按水利总体规划进行实施。2010 年农综投入资金 1 394 万元，国土资金 955 万元，扶贫资金 40 万元，分别比上年度投入有不同程度增加；三是发动群众投工投劳。按照"谁建设，谁负担，谁受益"的原则，引导、鼓励受益灌区群众自觉投工投劳，或自愿以资代劳。群众投工投劳折资累计达到了 237 万元，农民自我建设、自我管理的自觉性不断增强。

2010 年，定安县农田水利基本建设规划，集中突出"三个重点"：一是把修复水毁工程作为冬修工作的重点，确保今冬明春的农业生产用水；二是抓好病险水库安全加固、渠道续建配套及节水改造、农村饮水安全等重点水利工程建设，做到建成一处工程，发挥一片效益，造福一方百姓；三是重点抓好农综开发项目建设，真正体现"旱能灌、涝能排、路成网、田成方"。通过重点项目的启动和实施带动面上的水利建设，全面服务农村经济社会发展，服务社会主义新农村建设。

2010 年冬修工作，定安县还做到了"四个结合"，即冬修与冬种相结合、重点工程建设与渠道清淤维修相结合、冬修水利与水管体制改革相结合和冬修水利与水政执法相结合。特别是水管体制改革，把全县 6 个县管水利工程管理单位定性为事业单位，职工工资属财政全额发放，并解决职工养老保险问题，进一步稳定了水利工程管理队伍。同时，充分发挥水政监察大队的作用，加大水务有关法律法规的宣传和执法力度。南丽湖扩建高尔夫球场时，侵占南扶水库库容 107 平方米，并擅自在库区范围取土，严重破坏水库植被，执法人员及时进行了取证，依法进行处罚，并责令该公司停工整改，恢复水库原貌。

2010 年，定安对病险水库进行了加固，完成投资 5 800 万元，实施病险水库除险加固工程 9 处；农村饮水安全建设稳步推进，全面完成 2010 年省里下达我县的农村饮水安全项目，工程总投资 876.35 万元；小型农田水利重点县工程建设成效明显，2010 年共投入资金 2 440.87 万元，实施麻罗岭灌区、白常肚灌区和封塘灌区等 3 处渠道续建配套及节水改造工程，硬化防渗渠道 46.404 千米；水毁工程修复全面落实，全县累计修复水毁水利工程共 1 045 处；农综、国土和扶贫投入不断加大。农综投入资金 1 394 万元，比上年度增加 342 万元，综合土地治理面积 1.71 万亩；镇级冬修整体联动，全县 10 个镇共筹措资金 385 万元。硬化防渗渠道 13 条共 16.9 千米；完成渠道清淤 1 166 条 1 652 千米。2010 年定安已圆满完成农田水利基本建设任务，进一步改善了农业生产、生活和农村生态条件，有效促进农业产业结构调整，农民增收，为全面建设社会主义新农村和全面构筑"和谐定安"，提供了强有力的水利支撑。

定安县的农业投资，以建设水库搞好农田水利设施为重点，山水田林路综合治理，改善生产条件，提高农业综合生产能力。1950 年，县财政用于农林水利建设投资 190.69 万元，省以上水利投资 167.28 万元，群众自筹 246.60 万元。1960 年县财政投资 79.09 万元，省以上投资 396.53 万元，群众自筹 378.28 万元。1970 年县财政投资 187.48 万元，省以上投资 756.94 万元，群众自筹 1 070.70 万元。1980 年县财政投资 484.81 万元，省以上投资 1 437.94 万元，群众自筹 1 111.74 万元。1990 年（截至 1996 年）县财政投资 828 万元，省以上投资 2 192.20 万元，群众自筹 1 339.85 万元。

定安县农业综合开发办公室成立以来，从 1989—1996 年主要投资用于综合治理建设了一批高产稳产农田，增加了现代化农田基础设施。8 年累计投资 1 437.30 万元，其中 1989 年投资 155.30 万元，1990 年投资 196.80 万元，重点建设龙湖永丰黄威东水库和富文坡寨水清岭水库灌溉配套工程，以及营造农综林。1991 年投资 240.60 万元，重点建设富文镇大堀水库灌区工程，龙州河渠道以及营造农综林和农业措施项目建设。1992 年投资 140.90 万元，主要建设龙州河渠道工程，1993 年投资 123.70 万元，重点投资建设新竹镇大路东水库灌区配套工程。1994 年投资 94 万元，主要建设龙州河渠道工程以及营造农综林。1995 年投资 202.10 万元，重点建设龙州河渠道及迎科洋农田整治工程。1996 年投资 283.90 万元，重点建设良世水库灌区配套工程。

二、推广秸秆还田，增加土壤有机质

定安县大力推广秸秆还田和综合利用技术，这种利用方式不仅能够提供生活能源，同时也能提供有机肥源。近年来，县农业推广技术人员引导和发动农民自觉认识秸秆是最现成的、最大量的、成本低的有机肥源取得了成效。秸秆还田能够增强土壤有机质，改善土壤结构，提高土壤肥力状况；同时还可以改变群众田间焚烧秸秆，造成环境污染的不良利用方式。

三、增施有机肥，培肥地力

冬季瓜菜、热带水果经过数年探索和实践，远销国内外。但由于农民重施化肥，偏施氮肥，致使瓜果菜在口感、外观、营养等品质下降，甚至有导致失去市场的可能。农作物的增产也主要是靠大量的化肥施用来实现的。化肥的过量、长期以及不平衡的施用，会浪费肥料，造成土壤的退化。进而影响到作物的生长。因此引导农民改变重施化肥，而不注重有机肥施用的施肥方式是培肥增效的一项重要举措。有机肥不仅可以为作物的生长提供其所需养分，还可以改善土壤肥力。

四、推广测土配方施肥，科学施肥

20世纪80年代以来，农民大量施用化肥、轻施有机肥，尤其是20世纪90年代后有的耕地根本就不再施有机肥。化肥中偏重施氮肥轻施磷、钾肥。在肥料的使用中，农民施肥带有较大随意性和盲目性。农民一般根据农作物长势施肥，却忽略土壤的养分情况及农作物不同生长期所需的养分的急需程度以及用量的科学施肥技术。使得肥料利用率不高而浪费，而且还破坏土壤良好的结构，造成地力下降；氮、磷肥的流失也带来了巨大的环境压力。近几年来，农技推广部门花费了大量的财力、物力在全县各镇开展测土配方施肥试验示范，通过示范效果，召开现场会、座谈会，引导和鼓励农民树立科学的施肥观，争取达到节本增效和保护耕地的作用。

第三节　耕地改良利用中存在的问题

一、政府注重基本农田数量而忽视质量

在基本农田保护中，政府偏重对基本农田数量的保护，却忽视了耕地质量对农业生产的重要作用。只是基本农田数量的增加，而耕地的土壤结构变坏、肥力下降等耕地质量下降。那么这样的基本农田的生产力很低，无法满足农业生产的需要。政府资金投入

主要集中在完善排灌系统修筑围坝，防止涝灾等水利设施方面；对耕地养分的变化情况、生产性能的评估及耕地环境保护投入少。总的来说，基本农田保护应该包括数量和质量两方面，政府对农业的投入还不能够保证基本农田保护两方面的需求。资金的不足，不能保证基本农田数量、质量，会使耕地质量的长期监测无法进行，这样也就不能够满足发展现代农业的需求。

二、农民重用轻养，缺乏可持续发展的施肥思路

由于耕地资源缺乏，农民往往通过提高复种来满足人们对作物的需求。这样耕地长期处于超负荷生产和入不敷出的状态，作物从土壤带走很大数量的养分，耕地养分大量消耗，速效养分含量也会下降。农民培肥地力的意识淡薄，重用轻养，造成土壤养分含量的下降和退化。同时，肥料资源在配比上普遍存在不合理的现象，大量的施用氮肥，浪费肥料，对磷钾肥的投入少，不能满足作物产量和品质的需求，肥料的综合效应低。由于农民忽视培肥耕地以及肥料的不合理使用，使的耕地的生产力没有得到提高。

三、重化肥轻有机肥施用

农民由于对作物需求养分规律的缺乏了解，大体上根据经验或者是作物长势确定施肥。化肥见效快，价格适中，农民在施肥中往往选择化肥。而且农民对作物生长时所需要的养分种类以及数量没有精确的了解，对三种大量元素养分使用的数量和比例也不合理。在对有机肥的使用中，由于缺乏对有机肥对土壤改良重要作用的认识，以及有机肥肥效慢，使用时投入的劳动力大等因素，农民选择少施或者不施有机肥。定安县野生绿肥生产旺盛。农民主动利用野生资源的积极性不高。提高农民对野生绿肥的使用意识，加大对丰富、廉价、肥效高的野生绿肥的运用，政府还需要做大量宣传、发动、示范、推广工作。此外，水稻秸秆、甘薯茎、花生蔓、玉米秸秆等也是很好的有机肥源。农作物秸秆数量大，能提供大量有机肥源。如果将野生绿肥和作物秸秆作为有机肥，那么土壤有机质含量将增加和土壤结构也将得到改善。有的农村由于缺乏燃料，以秸秆当燃料，有的地方有在田间焚烧稻草的不良习惯。要改变这种对秸秆利用的情况，需要政府以及科技工作者通过多种形式、多渠道对农民进行宣传教育，最好是能够通过示范的成效给农民实在的例子，逐步让农民认识这些有机肥源的实用价值并实际操作，改变原来对有机肥源不合理利用的现象。

第四节　改良利用建议

肥沃、结构良好的土壤是发展高产、优质、高效的现代农业的基础；科学开发和合

理地利用土地资源，又是农业生产的基础。在此基础上，确定利用制度，利用方式，调整农业结构，促进农业增效、农民增收。积极把定安县农业打造成"贸工农一体化，产加销一条龙"的农业产业化经营体系。积极发展冬季瓜菜生产及热带经济作物生产，因地制宜，合理调整作物布局，宜农则农，宜牧则牧，宜果则果，宜菜则菜，宜渔则渔，宜林则林。定安县耕地调查分析结果表明，土壤酸度高；有机质、全氮、全钾与第二次土壤调查变化不大，全钾和速效钾在种植香蕉时含量比其他利用方式的土壤高很多；磷含量在蔬菜生产中含量上升非常明显，甚至超出一级耕地最低标准的 10 倍以上；微量元素如钼和硼缺乏严重，而有的土壤出现了铅、汞、镉等重金属元素超标的情况。耕地基础生产能力还不能满足发展定安现代农业的需求。为了适应定安农业发展的需要，在培肥地力、提高耕地质量以及肥料使用中特提出以下建议。

一、建议政府提高对农业的关注度及投入

政府在制定耕地保护措施的时候，一方面要注重基本农田数量的保护；另一方面也应该重视地力的培肥工作，提高耕地的质量。随着农业产业结构不断升级，对耕地需求面积在增加，而对土壤质量也在上升。尤其是热带水果和冬季蔬菜的生产中，对耕地质量要求较高。定安县土地资源不足、养分贫乏，很大程度地制约着农业持续快速发展。在土地面积相对一定的时候，政府应把土肥工作的重心从保护耕地数量转移到提高耕地质量上来。改造中低产田，根据不同的限制因素，进行针对性的改良，改善土壤环境，提高土壤肥力。在耕地保护中个体农民缺乏资金和认识。因此需要政府的充足资金投入以及大力宣传，从而为定安县现代农业的发展奠定基础。

二、调节化肥的施用量

定安的自然资源良好，对发展多季农业有得天独厚的优势。改革开放以来，为了满足市场的需求，复种指数进一步增大。耕地长期处于超负荷的生产和养分入不敷出的状态。农作物不断从土壤中带走氮、钾、磷元素，而在施肥中农民有偏施氮肥、磷钾肥施用不足的习惯，造成土壤中钾、磷两元素缺乏，限制作物产量的增加以及质量的提高。氮、磷、钾肥料使用比例不能满足作物和培肥地力的需求。而由于偏施氮肥，尤其是酸性的氮肥，导致土壤板结，土壤的结构破坏，土壤偏酸，影响土壤肥力的提高；而且还会引起环境问题。可见，引导农民树立科学施肥观念可以取得一举多得的效果。合理配置肥料资源，实现土壤养分与作物需求相统一的科学施肥，提高施肥效果。

三、开辟有机肥源，增加土壤有机质含量

定安县气候属于热带，自然土本身在强烈的生物作用下有机质含量低，开垦后用于

农业生产后，土地频繁翻动，有机肥的使用少，所以土壤有机质含量很低。有机质对土壤肥力具有重要的作用，对土壤的理化性质起着很大的影响。增加土壤有机质是提高土壤质量的重要手段。

（一）充分利用野生绿肥资源

定安县雨量充沛，温度高，为野生绿肥生长提供了良好的环境。飞机草、水葫芦、羊茅类以及蟛蜞菊等野生绿肥生长良好，生长量极大，并且飞机草和水葫芦已经成为危害环境的外来生物。如果能够引导农民采集野生绿肥，利用生物肥制剂发酵熟化，或者是用作沼气原料后，作为有机肥使用，不但可以增加土壤有机质含量，还可以改善土壤结构，降低外来生物危害。

（二）大力推广秸秆还田技术

定安县粮食作物中水稻种植面积29.13万亩，香蕉种植面积有1.38万亩，甘薯种植面积5.81万亩（以2015年鉴为准）；农民还有种植花生以及豆类的习惯，所以秸秆产量非常大。推行秸秆还田将有效地增加土壤有机质。近年来，在政府支持下，积极推广秸秆还田技术，为了不误农时，可以采用"秸秆腐熟剂"或者生物熟化剂熟化秸秆；也可以提倡秸秆打碎后200千克每亩还田；还可以根据条件发展沼气。群众有在田间焚烧秸秆和用秸秆当作燃料的习惯，成为秸秆还田的制约因素，为了减少秸秆燃料用，以增加秸秆回田的可能性，应以沼气池建设项目为契机，发动群众积极建造沼气池，解决农村能源，促进秸秆还田。

（三）合理利用人畜粪尿

定安县常住人口34万，2015年定安养猪29.05万头、牛7.25万头、羊4.02万只、禽类400万只。近年来定安养殖业发展势头迅猛。在养殖数量上升的同时，产生的排泄物将是巨大的有机肥料来源。有的养殖场已经建成了循环养殖（作物—养殖—粪尿—沼气—作物）的模式，建造了沼气池，粪尿发酵后用作有机肥使用，种植作物。在生态文明村的建设中，政府鼓励和帮助农民建造沼气池，推行"一体三改"（即改厕、改粪室、改厨连成一体）技术。粪尿集中回收沼气池，防止肥效损失。这种利用方式既能供给农村能源，又能净化农村生活环境，还能提供有机肥源。沤熟的粪尿也是很好的有机肥。

（四）发展绿肥生产

在定安可以用紫云英、苕子、猪屎豆等绿肥，果园中还可以种植木豆，桉树林下可种植坚尼草等绿肥。绿肥培肥地力效果明显，以紫云英为例：15亩绿肥可固氮153千克，活化、吸收钾126千克。这些绿肥生长条件要求较低，生产量大，豆科绿肥发生固氮作用，增加肥效。绿肥的种植还可增加地面覆盖，防止水土流失。

四、改变耕作制度，调整作物布局

（一）调整水田耕作，实行水旱轮作

调节土壤水气性状，促进土壤养分转化，又利于作物吸收养分和土壤有益微生物的生长。比如定安县的冬季瓜菜生产就是以下水田为基础，改变了下水田的潜育的不良特性。调整了作物结构，同时促进整体农业效益的增加。

（二）根据土地状况，推行宜林则林，宜农则农，宜果则果，宜牧则牧，宜渔则渔，宜菜则菜的农业全面发展策略。

五、加强农田基础建设

（一）加强现有水利工程的管理和维修

定安县水资源十分丰富，集雨面积 100 平方千米以上的河流有 10 条，呈网状分布，水能蕴藏量大，可开发量 11 216 千瓦。中二型水库 2 宗（100 立方米以上库容），小型 66 宗（10 100立方米库容），山塘 36 宗（10 立方米以下库容）。其中南丽湖是琼北地区最大的人工湖，如今已发展成为集水利灌溉、人畜饮水、淡水养殖、旅游业为一体的综合性水库。定安县年平均温度 23.1~23.9℃，气温非常适宜发展淡水养殖业。建议继续加强现有水利工程的管理和维修。

（二）改良低产田

定安县低产水稻田的类型包括潜育型、渗育型、淹育型、沼泽和盐泽水稻土。占水稻土总面积的 30.96%，严重影响了水稻的生产。渗育型和潜育型水稻土又是定安县低产土的主要类型。主要问题是水分状况不良。针对低产田应该主要采取工程措施进行改良。比如渗育型水稻土的改良可以采取下列方式：①挖环山沟。即在山坡脚边缘挖深沟，阻截山坡侧渗水，使雨水和侧渗水从沟中流走，以免漂洗土层。②做好渠道防渗，减少侧渗水源。③修建田间排水沟，降低地下水位。④增施有机肥料，改良土壤结构；潜育型水稻土的改良应该深挖排水沟，降低地下水位，改变通气状况，促进养分良性循环；而对淹育和沼泽水稻土，排水是最重要的措施，改变长期积水的状况，利用浅沟筑台排水，降低水位，还可以利用秸秆还田 50 厘米改变其透水性能，形成良好的水、气环境。

（三）加强农产品流通重点设施建设

定安处于独特的热带气候带，热带水果以及冬季蔬菜畅销国内外，所以保证热带水果和冬季蔬菜的及时上市是提高瓜果蔬菜生产效益的重要途径。交通状况的改善和临时储存库的建设是保证农产品顺利流通的前提。

六、充分利用土地，发展多种经营

（一）大力发展热带经济作物和香蕉、芒果生产

定安瓜菜、香蕉、芒果生产的历史悠久，当地农民商品意识和科技意识较强，有丰富的农业种植经验和市场风险承受能力。改革开放以来，定安把瓜菜、香蕉、芒果生产作为富民强县的主导产业，发挥技术与资源优势，抓调整，建市场，壮龙头，促发展。特别是近几年来，定安积极调整优化农业产业结构，大力发展瓜菜、香蕉、芒果生产，建起了一批颇具规模的瓜菜、香蕉、芒果生产基地；重视农副产品市场体系建设，已形成了以批发市场为中心，以集贸市场为支点，以中介组织和运销队伍为纽带的大流通格局；坚持科技兴农，增创竞争优势，大力引进、开发、推广新品种和新技术，推动瓜菜、香蕉、芒果生产向名优特和无公害的方向发展。

（二）发展林业，合理安排树种及其比例，发挥综合效益

定安县自古林木茂密，林业资源十分丰富。定安森林覆盖率48.2%，政府大力支持林业的发展。发展林业应该合理的选择树种及其树种之间的比例。避免桉树的单一种植。良好的森林系统，即可以提供木材，还可以防风固堤，同时可以改善气候，保持水土。

（三）搞好冬季蔬菜种植

冬季蔬菜生产是定安县优势农业产业。定安生产的冬季蔬菜主要销往中国北方大中城市，部分蔬菜也销往香港、澳门和向日本出口。近几年来，定安县根据国内北方市场的需求，调整蔬菜品种结构，提高蔬菜产品质量，大力发展名优特蔬菜生产，推广无公害生产技术。

龙门镇近年瓜菜种植面积达到12 000亩，其中冬种瓜菜面积10 000亩，其他瓜菜2 000亩。建设先锋肚、南丹肚两大绿色瓜菜基地，面积3 500亩，单产提高10%。依托毗邻的河头洋供港瓜菜基地，建设英湖洋2 000亩瓜菜基地。以公司+合作社+农民的方式，发展设施大棚农业1 000亩，大力提高单位面积产量产值。所以建议继续搞好冬季蔬菜种植，增加农民收入。

（四）保护草原，发展畜牧业

发展山地种植牧草养殖，有利于有效防止水土流失，增加养殖数量；还可以依托热带农业科学院品质资源所草业和动物科学科技力量，改变种植结构，开展牧草高产栽培—规模畜牧。改善人民的食物结构。因地制宜的发展牧草栽培，促进畜牧生产也是农业增收的一项重要措施。

（五）开垦后备耕地资源，保护现有耕地

为了适应农业的发展需求，需要开发后备土地资源进行农业生产。利用后备土地资

源的同时，要注意对环境的保护。现有耕地出现了养分退化、偏酸、污染、结构变坏等一系列问题。应该有针对性对其进行改良。保护现有耕地，提高耕地质量。还要对闲置土地进行收回利用。

（六）利用水域进行水产养殖

定安县境内水资源十分丰富，有南渡江、龙州河、同仁溪等流域 100 平方千米以上的大小河流 10 条，水面积 13 863 亩；中小型水库及山塘 129 宗（其中水库 88 宗），水面积 44 224.30 亩。1996 年年底，养鱼水面已达 40 676 亩，其中池塘 7 160 亩，山塘及水库 33 516 亩。可大力发展鳙、草鱼、鲢、鲤、鲮、淡水白鲳、福寿鱼、奥尼罗非鱼、泰国鲮、尼罗罗非鱼、台湾单性罗非鱼、埃及塘虱、红鲤鱼，以及本地胡子鲶、罗氏沼虾等 10 多种经济水生动物的养殖。

第七章 定安县耕地地力调查与质量评价专题报告

第一节 定安县耕地质量评价与平衡施肥专题报告

一、概　况

植物必需的营养元素有 16 种，其中碳、氢、氧主要来源于空气和水，主要靠土壤供给的可分为三类：第一类是土壤里含量相对较少，农作物吸收利用较多的氮、磷和钾，叫做大量元素；第二类是土壤里含量相对较多，农作物需要却较少，像钙、镁、硫等，叫做中量元素；第三类是土壤里含量很少，农作物需要的也很少，主要是铜、铁、锌、硼、钼、氯、锰，叫做微量元素。当土壤中某些营养元素供应不足时，就要靠施用含有该营养元素的肥料来补充，缺什么，补什么；缺多少，补多少，使作物既吃得饱，又不浪费，达到土壤供肥和农作物需肥的平衡，这就是平衡施肥。

为了在有限的耕地资源上生产出更多更好的农产品，人们在施肥实践中，已总结出许多增产增效的方法。定安县自 20 世纪 80 年代以来，在施肥实践中不断总结经验，充分利用第二次土壤普查成果，针对耕地普遍少磷、缺钾的特点，在种植业上农民逐步认识到施足底肥有利于农作物生长，在此基础上大力推广配方施肥技术，经过多年的实践证明，取得了很大的成绩。平衡施肥技术既能提高肥料利用率，获得增产、增收，又能改善农产品品质，提高经济效益和生态效益，深受广大农户欢迎。

土壤肥力是一种动态变量。自全国第二次土壤普查以来，定安县耕地土壤养分状况如何，耕地环境质量怎样，本次成果报告中都有详细资料。还调查了一些种晚稻、种瓜菜农户施肥情况及经济效益情况。

本专题就是根据这次调查，掌握的耕地土壤养分状况和农民施肥中存在的问题，为推广平衡施肥提供依据。

二、调查方法

本专题的调查结合本次耕地地力调查同时进行，布点、取样及样品分析项目和方法均依照《全国耕地地力调查与质量评价技术规程》进行。根据定安县的实际，调查共取水稻土土壤样品 2 603 个，其中冬种瓜菜基地 1 100 个。样品布点基本上覆盖了全县水稻土土壤类型。

三、分析结果和质量评价

(一) 施肥状况

1. 大田施肥状况

根据 130 户农户调查，每年施用在水稻上的有机肥料平均每亩 260 千克，品种主要有猪粪、牛栏粪、土杂肥和草木灰等。无机肥料为平均每年每亩尿素 36.0 千克，过磷酸钙 49 千克，氯化钾 32 千克，复合肥（N : P_2O_5 : K_2O 为 15 : 15 : 15）35.0 千克，根据化肥实物折算成有效成分，分别为氮 21.81 千克，五氧化二磷 13.09 千克，氧化钾 24.45 千克，比例为 1 : 0.60 : 1.12。以满足水稻生长的氮、磷、钾比例为 1 : 0.52 : 1.2 标准来看，氮、磷、钾肥配比基本平衡，只是磷稍高。

2. 蔬菜地施肥状况

根据 45 户种植蔬菜（品种：豆角、瓜菜）农户调查，施用有机肥平均每亩 1 200 千克，主要品种有鸡粪、猪粪、羊粪、牛栏肥等。平均每亩施尿素 42.0 千克，磷肥 79 千克，氯化钾 36 千克，复合肥（N : P_2O_5 : K_2O 为 15 : 15 : 15）56 千克，化肥折合成有效成分，氮、磷、钾分别为 27.72 千克、21.04 千克、30.00 千克，比例为 1 : 0.75 : 1.08。

按 1 000 千克蔬菜经济产量吸收养分氮 3.66 千克，五氧化二磷 1.24 千克，氧化钾 4.52 千克，比例为 1 : 0.34 : 1.23（30 种蔬菜吸收养分的平均值）的标准，磷肥的施用量过多，钾肥不足，养分不平衡。

(二) 耕地养分状况

1. 有机质和大量元素

定安县耕地土壤各种养分的平均含量分别为有机质 23.0 克每千克，碱解氮 107.37 毫克每千克，有效磷 18.73 毫克每千克，速效钾 41.97 毫克每千克，其含量等级分布情况见表 7-1，从表中可以看出定安县耕地土壤有机质含量在三级以下占 76.25%，碱解氮占 66.84%，定安耕地土壤有机质和碱解氮属于中下等水平。土壤有效磷在三级以下占 75.72%，属于下等水平，但土壤有效磷处于六级水平就占了 34.65%。土壤速效钾缺乏较严重，三级以下占了 98.57%，而六级水平的速效钾占了 41.87%。所以定安土壤有机质和大量元素含量整体水平较低，缺钾现象还非常突出，速效磷含量有待提高。

表 7-1 有机质和大量元素含量等级分布状况

分　级	有机质		碱解氮		有效磷		速效钾	
	含量 （g/kg）	频率 （%）	含量 （mg/kg）	频率 （%）	含量 （mg/kg）	频率 （%）	含量 （mg/kg）	频率 （%）
一　级	>40	11.29	>150	20.90	>40	12.72	>200	0.58
二　级	30~40	12.45	120~150	12.26	20~40	11.56	150~200	0.85

（续表）

分　级	有机质		碱解氮		有效磷		速效钾	
	含量（g/kg）	频率（%）	含量（mg/kg）	频率（%）	含量（mg/kg）	频率（%）	含量（mg/kg）	频率（%）
三　级	20~30	24.39	90~120	19.59	10~20	16.29	100~150	3.46
四　级	10~20	34.46	60~90	20.40	5~10	14.44	50~100	20.75
五　级	6~10	8.53	30~60	19.63	3~5	10.33	30~50	32.50
六　级	<6	8.87	<30	7.22	<3	34.65	<30	41.87

2. 中量元素

定安县耕地土壤中量元素平均含量为：交换性钙平均值为610.60毫克每千克，含量属中上等水平；交换性镁平均值为85.59毫克每千克，含量属于中下水平。从表7-2中量元素含量等级分布情况可见，定安县耕地耕层交换性钙、镁的含量较低。定安县耕地耕层土壤有效硫含量变幅为5.48~299.36毫克每千克，其平均含量为38.43毫克每千克，达一级标准的土样有110个，占样点总数的30.05%，二级和三级类似，分别为83和97个，所占比例22.68%和26.50%，四级样品为65个，所占比例为17.76%，五级硫含量土壤最少，样点仅有11个，比例为3.01%。综上所述，定安县耕地土壤有效硫是为中上等水平。

表7-2　中量元素含量等级分布状况

分　级	交换性钙		交换性镁		有效硫	
	含量（mg/kg）	频率（%）	含量（mg/kg）	频率（%）	含量（mg/kg）	频率（%）
一　级	>1 000	15.03	>300	4.37	>40	30.05
二　级	700~1 000	15.30	200~300	3.83	30~40	22.68
三　级	500~700	18.58	100~200	18.03	20~30	26.50
四　级	300~500	30.05	50~100	26.78	10~20	17.76
五　级	<300	21.04	25~50	30.87	<10	3.01
六　级			<25	16.12		

3. 微量元素

（1）土壤有效铁

定安县耕地耕层土壤有效铁含量范围为19.99~2 095.24毫克每千克，平均值为383.62毫克每千克。一级和二级有效铁含量土壤比例均较低（5%以下），三级所占比例为24.64%，四级为65.58%，五级土壤仅为5.07%。由此可知，定安县耕地耕层土壤有效铁含量为中下等水平。

（2）土壤有效锌

定安耕地土壤有效锌含量的范围为 0.24~45.85 毫克每千克，平均含量为 3.93 毫克每千克。按照土壤养分的分级标准，三、四和五级土壤所占比例均较低，其所占比例之为 6.28%，由此可见，定安县耕地耕层土壤有效锌含量丰富，属于锌含量丰富地区。

（3）土壤有效锰

定安县土壤耕层土壤有效锰含量范围为 0.7~554.7 毫克每千克，平均值为 32.41 毫克每千克。根据土壤养分分级标准，前三等级所占比例之和高于 90%，四、五等级所占比例约为 9%，可见定安县耕地耕层土壤有效锰含量为中上等水平。

（4）土壤有效铜

本次调查分析结果表明，定安县的耕层有效铜的含量在 0.03~7.90 毫克每千克。按照土壤养分的分级标准，全县耕地耕层土壤有效铜含量均值处在二级标准内，故定安县有效铜的含量水平在中等偏上。

四、目前施肥中存在的主要问题

定安县主要农作物平衡施肥情况见表 7-3。

表 7-3　定安县主要农作物平衡施肥表

作物	不同有效磷耕地过磷酸钙（以 P_2O_5 18% 计）每亩用量（kg）				不同有效钾耕地氯化钾（以 K_2O 60% 计）每亩用量/kg				每 100kg 产量施纯氮量（kg）	预期亩产量（kg）
	<5mg/kg	5~10mg/kg	10~20mg/kg	20~25mg/kg	<30mg/kg	30~50mg/kg	50~100mg/kg	100~200mg/kg		
常规稻	30	20	15	10	12~14	10~12	8~10	5	1.6~2.2	250~350
杂交稻	35	25	20	10	13~15	10~12	8~10	5	1.8~2.4	350~400
辣椒	50	45	40	25	25	20	15	10	0.45~0.55	2 000
冬瓜	60	45	30	10	35	30	25	15	2.5~3.5	6 000
豆角	30	25	20	10	12	9	6	酌量	0.25~0.40	1 200
白菜	25	20	15	5	10	8	6	酌量	0.30~0.40	1 500
黄瓜	50	45	30	20	25	21	17	酌量	0.25~0.30	4 000
胡椒	43	35	28	20	20	15	12	8	6~7	250

目前施肥中存在的问题，主要表现在以下几个方面。

（一）有机肥施用量不足

有机肥施用量远远达不到维持土壤地力的要求。在调查的 130 个农户中，农户都施用有机肥，但有机肥施用量不足，土壤有机质分解快，加上耕地复种指数高，定安县耕地土壤中有机质含量仍然处于中下水平。

（二）氮、磷、钾配比不平衡

在种粮方面，偏施氮素化肥，磷、钾施用不足。在种植瓜菜方面，过分倚重三元复合肥，使某些养分过量引发新的养分不平衡。

（三）肥料施用方法不当

主要表现在有机肥腐烂不彻底就施用，经常发生烧苗现象。为省工，大部分农户直接将化肥撒施在地表上后不盖土，降低了肥料利用率。

（四）中微量元素肥不施或少施

定安县土壤酸性较强，质地偏砂，除少数地区的交换性钙、镁含量较高外，定安大多数土壤交换性钙、镁比较缺乏；微量元素锌属于上等水平。

五、对　策

（一）增施有机肥，培肥地力

定安县有机肥源丰富，要因地制宜，多形式，多途径增加有机肥料的投入。在当前种植业结构调整和无公害农业生产中，有机肥的大量施用是重要的一环。从实际出发，在农村应大力推广沼气建设，搞好人、畜、禽粪便的嫌气发酵利用。在平原地区坚持稻秆还田、塘泥上田。此外应充分利用冬闲发展兼种豆科作物，如扩大春花生的种植面积。最近几年来，冬春毛豆种植异军突起。毛豆旺销内地大中城市，带动毛豆种植业迅速增加。毛豆种植户经济效益不错，同一块地一冬春可以收获二次毛豆，对培肥地力很有好处。另外在蔬菜生产方面，应扩大豆类蔬菜的种植面积。

（二）大力推广测土配方施肥技术

充分利用调查成果，推广作物平衡施肥，应针对定安县土壤养分状况，根据不同作物需肥规律和肥料增产效应，在施足有机肥的基础上，确定氮、磷、钾和中微量元素的适宜用量和比例，采用正确的施用技术。此次调查结果表明，定安县耕地土壤养分水平大体上是有机质和全氮属于中下等水平，有效磷不缺，近九成的耕地速效钾缺乏。因此，要因地制宜，实现因土因作物使用肥料，提高肥料利用率，避免肥料不必要浪费，防止土壤出现新的养分不平衡（表7-3）。

（三）中量微量元素的平衡施用

定安县水热资源丰富，耕地复种指数高，土壤淋溶作用强烈，大量元素的施用和作物产量的提高，必然引起土壤中微量元素的耗竭，其结果是导致作物产品质量下降和影响作物产量的进一步提高，因此在平衡施肥中必需考虑中微量元素肥料的补充作用。

在农作物结果时期，如果硼元素缺乏就出现裂果现象。在作物施肥上，尤其是蔬菜要注意补充硼、钼微量元素。

（四）为发展无公害农产品生产提供技术支持

定安县耕地环境质量很好，很适宜发展无公害和绿色农产品生产，应充分利用本次调查成果，组织各镇农业技术推广部门统一宣传，统一示范和指导，因土配方，建立无公害农产品生产平衡施肥技术新模式，在种植业上普及平衡施肥技术。

（五）加强肥料质量监测，确保农民用上合格肥料

建议农业部门加强肥料的监测工作，杜绝不合格的复合肥、复混肥进入市场，做好各种肥料的检查工作，凡未办理国家登记的肥料一律不得进入市场，不得销售和推广。

第二节　定安县耕地种植业布局调整专题报告

一、概　　况

定安县位于海南岛的中部偏东北，东经 110°7′—110°31′，北纬 19°13′—19°44′之间。东临文昌市，西接澄迈县，东南与琼海市毗邻，西南与屯昌县接壤，北隔南渡江与海口市琼山区相望；东西宽 45.50 千米，南北长 68 千米，疆界长 251.50 千米，全县面积 1 177.70平方千米。

定安是海南重要的农业大县，人口 34.14 万。改革开放以来，定安县农业和农村经济取得了较大的发展，农业经济总量迅速扩大，实力明显增强，逐步发展成为海南的主要农产品产地之一。但是，由于没有全面地对农业和农村经济结构进行战略性调整，定安县一直没有从根本上摆脱传统农业模式的束缚，农业生产始终未能跳出粮、果、胶的小圈子，得天独厚的自然优势尚未得到充分发挥，高产、优质、高效的热带农业没有得到充分的发展，农业生产结构不合理，生产规模偏小、总量不足，农产品品质不优、品种雷同、科技含量少、加工转化率低，农业生产组织程度低，社会化服务体系不健全，农村市场发育不充分，农业基础设施建设滞后等深层次的问题和矛盾也日益显露出来，制约了定安县农业和农村经济的进一步发展。随着农产品由长期供不应求转移为阶段性、结构性供过于求，市场对农产品的需求愈来愈趋于优质化和多样化，特别是市场经济的逐步发展完善和对外开放步伐的加快，加速了农产品市场的国际化，市场竞争日趋激烈，向定安县农业和农村经济提出了更为严峻的挑战和考验。

面对新形势、新情况、新问题，定安县实事求是地制定了农业产业结构调整的工作思路，以建设农业现代化先行县为目标，围绕增加农民收入、集体收入、财政收入，按

照调优、调精、调高的总体要求和大地园林化、耕作机械化、农田水利化、品种优良化、栽培科学化、饲料标准化等农业现代化的基本要求，以市场为导向，以改革开放为动力，以科技进步为手段，以资源综合开发为基础，大力调整和优化农业区域结构、产业结构、品种结构，突出加快发展冬季瓜菜、热带水果、热带花卉、畜牧业和乡镇企业，启动实施"中小大"示范工程即发展中心城镇、小康村、专业大户，形成区域化布局、规模化生产、专业化分工、企业化管理、社会化服务、市场化经营的生产经营管理体制，全面提高农业整体素质，实现农业经济大县向农业经济强县的历史性跨越。

定安县耕地资源有限，仅以粮食生产为主的农业生产发展空间不大，必须充分发挥自然条件发展优势，发挥生产潜力，因地制宜，做到因土种植、因土施肥、因土灌溉、因土耕作、因土改良，避免农业生产上的盲目性。遵照自然规律，调整农业结构，做到宜果则果、宜瓜则瓜、宜菜则菜、宜林则林、宜牧则牧。在山区、丘陵地区主要发展热带水果、热带经济作物等。如橡胶、龙眼、槟榔、荔枝、芒果等；在平原、阶地地区主要发展冬季瓜菜、香蕉、水稻、西瓜、木瓜等。推进传统农业向现代农业转变，带动农村经济全面发展。因此，开展耕地地力调查与质量评价工作，了解耕地质量状况，指导种植业结构的调整具有十分重要的现实意义。

二、调查方法

专题的调查工作是结合耕地地力调查同时进行。在采集土壤样品的同时，分别调查了各采样点近年种植制度，并收集了各乡镇近年各种农作物种植的统计报表。收集了近年的海南统计年鉴和定安县国民经济和社会发展统计公报和有关定安种植业结构方面的文献资料。根据收集的资料进行统计整理，研究定安种植业的现状和存在的问题。

三、调查结果

为了充分发挥农业资源优势，定安县于1984年完成了农业区划。根据定安县土地资源、气候条件、生产特点进行分区，并提出发展方向和措施。

（一）北部阶地粮、菜区

该区位于县境北部，南渡江畔，主要包括定城镇周边地区，耕地面积52 486亩，农业人口36 250人，农业人均耕地1.45亩。

生产条件：地势平坦，土壤略肥，易于机耕；公路运输方便，农田灌溉靠龙州河骨干工程，旱涝保收面积34 163亩，占水旱田的90.76%；人多地少，人均耕地比全县少0.50亩，劳力资源丰富。

生产特点：该区蔬菜面积大，品种多，产量高。瓜类、豆类和菜类共40个品种。历年蔬菜面积（冬种）14 000多亩，水稻单产较高。土壤多为浅海沉积物形成的沙壤土，冬闲田适于种植耐旱作物。

发展方向：冬闲田蔬菜播种达 17 000 亩，实行冬菜—早稻—晚稻一年三熟粮菜轮作制。

实施方案：①调整粮、菜作物种植比例，减少粮食，增加蔬菜面积。1990 年前，将粮食面积从 1982 年的 78 205 亩，减少到 67 700 亩，缩小 10 505 亩，扩大蔬菜面积 8 382 亩。②增肥改土，培肥地力，提高粮食产量。实行粮、菜轮作，多施人畜粪肥和土杂肥。③恢复和建立外贸瓜菜出口基地。按季节调整种植蔬菜品种，保持淡季不淡。④积极开展蔬菜加工业，调节淡季蔬菜供应。⑤充分利用五边地、河滩、河堤、水面、园地种植各种果树。

（二）东部丘陵粮、糖、油、果区

该区包括龙湖永丰和黄竹镇，耕地面积 45 110 亩，其中水田 23 721 亩，旱田 4 164 亩，农业人口 15 292 人，农业人均耕地 2.95 亩。

生产条件：土壤耕作层浅，有机质含量低；冬春旱情明显，早期长；水利不过关，台风频率高；地处丘陵，交通不便；山沟峡谷，野生绿肥丰富。

生产特点：以粮（水稻）为主，花生、甘蔗面积小，水稻播种面积（双造）41 300 亩，花生（春种）4 500 亩，甘蔗 4 400 亩，菠萝生产为全县之冠。

发展方向：适当扩大粮食播种面积，提高单产，恢复和发展传统性水果生产，如荔枝、龙眼、香蕉、黄皮等。要求粮食播种面积达 56 400 亩（双造），花生面积 6 500 亩，甘蔗面积 5 000 亩，水果 6 000 亩。

实施方案：①风口区搞好植树造林，减少水土流失，保护农田。种植油茶、椰子以及果树。②大力发展畜牧业，养牛养羊，为农作物提供粪肥和资金。③加快速度搞好蓄水工程，扩大农田旱涝保收面积。搞好黄威东水利工程。④改变旧习惯势力，安排好季节品种。⑤扩种田菁，利用天然野生绿肥。⑥提高科学种田水平，培训技术骨干力量。

（三）中部台地和西部北部阶地粮、油、糖区

1. 中部台地

有雷鸣、龙湖、龙门镇，耕地面积 109 425 亩，占全县耕地面积 28.55%。其中水田 42 605 亩，旱田 12 598 亩，坡地 54 222 亩。农业人口 44 264 人，农业人均耕地 2.47 亩。

生产条件：土壤沙瘦，低产面积大；水利设施配套条件差，旱涝保收面积小；粮、油、糖面积比例较大，单产低，增产潜力大；宜油（花生）面积大，有历史种植经验。

生产特点：以粮、油为主，甘蔗占一定比例，单产低；有花生、水稻轮作基础；番薯面积大，有 26 000 亩。

发展方向：适当压减粮食播种面积，扩大油、糖料作物种植面积，实行"粮、油"，

"粮、糖"轮作制，以油改土（花生藤回田），培肥地力，挖掘粮食增产潜力。

2. 西北部阶地

有新竹镇、富文镇以及定城的美太、茅坡仔、西岸、翁郭等村。耕地面积83 403.70亩，占全县耕地面积的20%，其中水旱田51 094亩，农业人口36 901人，农业人均耕地2.26亩。

生产条件：土壤多为沙质壤土，土地资源丰富，水利效益面积较大。

生产特点：水稻单产较低，甘蔗发展较快，宜蔗面积大，旱地生产利用率低。

发展方向：发展绿肥生产，培肥地力以提高粮食单产，挖掘土地潜力，大力发展糖蔗、花生、芝麻等经济作物。

实施方案：①合理调整粮油糖作物布局及种植比例。中区用1.50万～2万亩水旱田种植花生、甘蔗，用0.20万～0.30万亩开挖环村鱼塘。西区1990年前将粮食作物面积从1982年的73.32%降低为58.81%，油料作物由8%提高到9.15%。2000年，粮食作物56%（稻谷42%），油料作物9.77%，糖料作物12%。②大力植树造林。荒坡、山丘、河岸、五边、四旁地种植林木和果树。③进一步搞好农田水利建设及推广喷灌，扩大旱涝保收面积。④发展立体农业，实行间、套种，提高复种指数。⑤安排好季节品种布局。⑥防治花生锈病。⑦大力推广沼气建设。

（四）南部丘陵糖、粮、果、药区

该区为龙河、翰林、岭口镇和龙门镇的里沙塘、龙拔塘、久温塘、红花岭、石坡村以及中瑞、东方红农场。耕地面积98 551亩，占全县耕地面积25.70%，其中水田40 853亩，旱田10 055亩，农业人均耕地2.41亩。

生产条件：土壤为玄武岩母质，多为黏壤土，肥力高；水利不过关，旱涝面积大；经济作物种类多，面积大。

生产特点：甘蔗生产历史悠久，种蔗面积较大；南药资源多，是槟榔的主要产地；粮食单产略高而不稳。

发展方向：增施磷钾肥提高粮食单产，旱地大力发展经济作物，以糖、果、南药为主，形成粮、糖、果、药的商品基地。

实施方案：①适当扩大作物种植面积。1982—1990年，糖蔗从18 928亩扩大到20 700亩，粮食从102 007亩扩大到107 684亩，花生从19 954亩扩大到20 000亩，水果（荔枝、龙眼为主）从3 750亩扩大到7 000亩，大豆从10 022亩增到13 000亩，南药从1 102亩增加到8 000亩。②加快建设农田水利设施，扩大灌溉面积。③安排好季节品种布局。④积极推广淡水养殖。

截至1996年，全县按规划发展方向实施，稻谷从规划前的1982年370 770亩下降到344 000亩，而亩产从151.35千克上升到194千克，总产从56 125吨提高到60 483吨；番薯从 85 506 亩上升到 92 540 亩，亩产从 56.10 千克上升到 235 千克，总产从 4 800 吨达到 21 746 吨；木薯从 7 396 亩上升到 22 706 亩，亩产从 440.45 千克上升到 593 千克，总产从 3 260 吨达到 13 464 吨；花生从 63 466 亩下降到 54 019 亩，亩产从 32.80 千克上升到 106 千克，总产从 2 145 吨提高到 5 426 吨；甘蔗从 64 280 亩上升到 67 023 亩，亩产从 2 433 千克提高到 3 500 千克，总产从 164 430 吨上升到 234 581 吨；蔬菜从 22 104 亩上升到 87 900 亩，亩产从 500.70 千克提高到 546 千克，总产从 10 570 吨上升到 48 000 吨；水果从 6 561 亩上升到 16 000 亩，亩产从 464.45 千克上升到 625 千克，总产从 2 600 吨上升到 10 000 吨。规划实施 14 年来，主要作物稻谷、花生面积减少了，但亩产、总产都大为提高；甘薯、甘蔗面积稍为增加，木薯、蔬菜、水果面积成倍增长，总产也成倍增加，规划后，农业生产有了大发展。

（五）定安县种植业存在的问题

1. 地力资源优势发挥不平衡

从此次调查结果表明，定安县一级耕地只占全县耕地总面积的 4.8%，较好的且面积较大的耕地土壤是二、三、四级地，热带经济作物主要分布在第四级下的土壤上，作物的生物学性状不能极限发挥作用，产量和品质都会受到不同影响，而这点又不能被农民所认识到，忽视了耕地地力对作物产量及品质的贡献作用。平衡施肥和培肥地力意识差，地力资源优势不能充分发挥作用。

2. 农业结构不够优化和整体耕作水平不高

近年来，政府十分重视农业结构调整，但产业化程度不高，一些农民还存在小农意识。由于利益的驱动，别人种啥自己也种啥，一哄而上，不顾市场需求，不了解市场信息，遇到供过于求时，农产品销售不出去，丢失田间地头，造成很大经济损失。此外，由于农民耕作水平不高，不能科学施肥，产生了一些生理性病害，由于抗逆能力差，引发了一些病虫害，加大了农药的需用量，农产品无论是外观品质、口感品质、卫生品质、营养品质、还是贮藏保鲜品质都受到不同程度的影响，削弱了市场竞争力。因此，要进一步优化农业结构和提高整体耕作水平，增强农产品竞争力。

四、种植业发展方向和目标

（一）发展方向

因地制宜，充分发挥区域资源优势，重视调整农业结构，尤其是品种结构调整，培育具有区域特色优势品种，打造新品牌。逐步发展成为规模化生产、产业化经营、企业化管理农业结构模式。强调农产品深加工，增加附加值，创造更高的经济效益。要做到在农业持续快速发展的同时，注意保护生态环境，使之具备发展无公害农业、绿色农业、有机农业的条件，实现农业增效、农民增收和可持续发展的目标。

（二）发展目标

1. 近期目标

根据此次调查，了解耕地质量状况，制订增肥地力的方案，保护耕地环境质量，提高农产品单产及品质，增强市场竞争力，开发新品种，打造新品牌。重点培育农业龙头企业，通过农业龙头企业的带动和影响，鼓励和引导农民发展有区域特色的农产品。农业龙头企业给农民提供优质种子或种苗、资金、管理技术，以保护价收购农产品，保护农民的利益，减少市场风险，调动农民积极性。农民则按企业管理技术进行管理，企业派专业技术跟踪检查，提高农民的整体耕作水平。

2. 中期目标

农民直接产出农产品，会受到市场同类农产品的冲击，价格波动幅度大，往往会增产不增收，严重挫伤农民发展农业积极性。通过农产品深加工，增加附加值，扭转农产品卖难的被动局面，切实保护农民的利益。推进农业生产向专业化、规模化、标准化、现代化的方向发展。

3. 远景目标

发展"名、优、特、高科技"的农产品，参与国际市场竞争，争取出口创汇，创造更好经济效益。农业发展从无公害农业向绿色农业、有机农业、生态农业、现代农业转变。农作物的管理水平达到实现耕整机械化、收获机械化、植保机械化、机电排灌机械化的水平。

（三）种植业结构调整的原则

在进行种植业结构调整时，必须遵循以下几条原则：①遵循市场规律，以市场为导向，以经济效益为中心，科学技术为依托，充分发挥区域优势，发展地区特色优势品种；②因地制宜，趋利避害，把传统优势产业和现在企业的管理及市场经营模式嫁接起来，扶持和培育主导产品，提高整体耕作水平，实现农业增效、农民增收；③农业结构调整要有利于生产力的发展，禁止破坏生态环境和造成水土流失，遏制地力下降。做到既能促进农业产业化升级，又能保护自然环境。

五、种植业结构调整措施与建议

农村经济的发展离不开农业的发展，在确保稳定粮食生产的基础上，发展多种经济作物，调整和优化种植业生产结构，充分发挥各区域的自然资源优势，尤其是土地资源优势，因地制宜，依托科学技术，提高农产品的科技含量，增强市场竞争力，体现出农业结构战略性调整，带动农村经济发展的作用。

（一）统一思想，提高认识

2011年3月2日，符立东县长在2011年定安县人民政府工作报告中指出，要进一步调整农业产业结构，加强以品牌农业为重点的绿色农产品基地建设，着力发展热带特色现代农业。全力推进"五个一万"工程。2010 年，改造和新挖鱼塘 5 665 亩，全县水产品总产量 1.3 万吨，总产值 1.2 亿元，分别比 2009 年增长 8% 和 11%。新建 2 个花卉基地，花卉种植面积达到 2 500 亩。推进富硒香米基地建设，富硒香米走进超市。新增设施瓜菜 4 000 亩；全年生猪出栏 29.6 万头，同比增长 12.6%。克服特大洪涝灾害的影响，抢种扩种冬季瓜菜 11 万亩；初步建立起市场监管、质量检测的农产品质量保障体系。着力打造定安黑猪、定安鹅、定安黑猪肉粽、定安槟榔花茶、定安花生油、定安圣女果等品牌，定安黑猪、定安鹅、定安圣女果已通过标准化生产评审，定安猪、定安鹅被评为国家级遗传资源。建设休闲农业示范基地 11 家，促进就业 330 人。

（二）科技引领定安农业经济结构调整优化

定安县积极实施科技兴农战略，紧紧围绕优化农业结构，农业产业化的目标，突出重点，强化措施，加强农业技术应用推广和科技服务工作，有力地推动了定安县农业增长方式的转变，农业经济取得了较快的发展。

1. 实施科技兴农战略，在做精农业上下功夫

县委、县政府提出做精农业的发展思路，立足资源优势，调整优化种养结构和品种结构，大力发展特色农产品，抓好关键实用技术的推广应用，依靠农业科技大幅度提高农业生产水平。以科技为支撑，抓好西瓜等瓜菜种植由露天向大棚种植转移，热带水果提早季节，打时间差。"十五"期间定安县农业增加值年均递增 9.9%，高于全省平均增长速度，冬季瓜菜、热作水果、畜牧业成为定安县农业经济增长的亮点。

2. 提高农业科技含量，以基地示范带动农业结构调整

大力发展科技农业，以发展优质、高产、高效、生态、安全农产品为目标，大力推广优良品种、优质高效种养技术。

以基地示范带动农业结构调整。一是抓瓜菜基地。着力抓好定城龙州洋、高秀洋，龙湖南福岭埇，岭口封浩洋，翰林大寨洋、新乙肚，龙门先锋肚，黄竹河头洋等八大无公害瓜菜基地建设，提高瓜菜生产规模化、标准化水平。大力发展淡季瓜菜，建设 2 000 亩设施大棚。二是抓林下生态养殖基地。充分利用槟榔园、橡胶园的资源优势，大力发展林下生态经济，引导农民和合作社进一步扩大林下养鸡、养鹅规模，增加农民收入。三是抓罗非鱼养殖基地。重点布局在雷鸣、定城、新竹、龙湖等镇，今年新挖鱼塘 1 500 亩，改造扩建 2 000 亩。四是抓富硒香米基地。用好龙门、岭口、翰林、黄竹等镇的富硒资源，提升富硒香米品牌，争取富硒香米种植达到 1 万亩。五是抓花卉种植基地。力争新建 5 个花卉种植基地，新增花卉 1 000 亩。六是抓槟榔、橡胶示范基地。抓好适用技术示范推广，加强病虫害管理，提升产量。七是抓菠萝蜜种植基地，新增种植菠萝蜜 1 万亩产业化基地。推进农业生产经营专业化、标准化、规模化、集约化，大力发展农产品加工业，全面提高农业现代化水平，促进农民收入大幅增加。

3. 加快农业科技成果的推广应用，在农民技术培训上下功夫

积极开展科技下乡活动，采取理论传授与田间指导、科技咨询与试验示范相结合的形式，重点抓好冬季瓜菜的早育苗、盘育苗、嫁接育苗、瓜菜栽培技术以及水稻杂优良种良法的推广应用，热作水果栽培等实用技术培训，农业技术的推广应用，提高了农产品的质量，增强了市场竞争力，带动了一方产业的发展。

（三）推进农业产业化经营

1. 调整优化种植业结构

定安县农业局在定安县委、县政府的正确领导下，抓好优化产业结构、科学做精农业，引导逐步形成与资源特色和生产条件相适应的优势农产品区域布局，实现了定安县支撑产业从传统产业为主向优势特色产业为主的转变、农产品生产逐步从初级产品生产为主向原料生产和加工增值并举转变。定安县科学规划农村经济结构，调整增收布局和结构，主推"一村一品"品牌经济。畜牧业实现了由家庭副业向农业经济支柱产业的转变，农村劳动力从单一农业就业，向社会非农产业就业的转变。

2. 建立龙头企业与农户之间的利益联动机制

探索龙头企业与农户利益共享、风险共担的经营机制，实现利益合理分配。鼓励龙头企业把农产品生产基地作为"第一车间"，通过合同契约连接，与农户建立相对稳定的产销关系，发展"订单"农业。鼓励龙头企业通过建立风险基金、最低保护价收购、按农户出售产品的数量适当返还利润等多种方式与农户建立紧密型的利益联结关系。引导农民利用土地、劳工、技术和资金等要素入股，采取股份制、股份合作制等形式，与龙头企业形成利益共同体。

海南定安鲁宏农业开发有限公司，主栽品种有妃子笑、白糖罂荔枝，各种热带水果以及冬季瓜菜。公司已发展成为具有一个5 000吨农产品冷藏保鲜加工厂、5 000余亩的7个农业生产出口基地、农产品交易中心、农产品检验检测中心、农产品信息中心、农民技能培训中心为一体的，由单一产业向集群化发展的规模型农业企业。形成了以冷藏保鲜加工企业为龙头，农业生产基地为依托，产、加、销、供一条龙，服务地方发展，带动农民致富的省级农业产业化重点龙头企业。

3. 发展中介组织，提高农民生产经营的组织化程度

充分发挥农产品运销中介组织的作用，建立新型的农民专业合作组织，通过合作组织了解国内各大城市果菜批发市场的交易信息，扩大运销渠道，避免农产品滞销给农民造成经济损失。解决主要农产品行业在发展过程中出现的新问题、新矛盾，调解纠纷，提供服务。

4. 促进农民专业化分工

鼓励有条件的农民从传统"小而全"、多业兼营的生产经营方式中分离出来，从事专业化生产和经营，提高劳动生产率和经济效益。通过区域布局，突出特色产业，抓好"一村一业""一村一品"，扶持发展各类专业户、专业村和专业合作组织，促进农村劳动力的专业分工。

定安针对特色村庄，实施"一乡一品"发展战略，努力打造知名瓜果菜品牌。定安县政府着力为其申请注册品牌，通过龙头企业和成立行业协会的带动，使一些富有特色的乡土产品走上产业化、规模化、集约化发展道路。

5. 积极发展农产品的深加工

开发新产品，打造新品牌，增加农产品附加值，增强市场竞争力，促进深加工农产品出口创汇参与国际市场竞争，延长农业产业链，克服直产直销的单一渠道，防范市场风险。

6. 完善农业信息体系建设

建设信息采集、分析、发布、预警系统，推进信息进村入户工程。完善全省农业信息网，加快建设省级和县农业信息服务平台，拓展电子政务和电子商务网络，增强信息服务功能。加强信息队伍建设，提高信息服务水平。

7. 加快小城镇建设，实现农村剩余劳动力转移

加快农村小城镇建设，发展乡镇企业，提高农村工业化水平，引导农村过剩劳动力有序向二、三产业转移，提供就业机会，在保持农业可持续发展的同时，拓宽农民收入渠道，带动农村经济发展。实施农村剩余劳动力转移培训，提高就业素质和岗位工作能力，进而提高农民的整体素质。

8. 扩大对外开放，促进外向型农业发展

中国加入WTO后，面对国内外农产品竞争与挑战，海南农业发展面临很大压力。因此，要审时度势，充分发挥自然环境资源优势，扩大对外开放与合作，积极引进外资、良种、良苗、栽培管理技术，加快传统农业技术的改造，变资源优势为资源技术综合优势，形成有一定规模的外向型农业产业化结构。

9. 实施百万农民培训工程，实施科教兴农战略

实施"百万农民培训"工程，开展"绿色证书培训""跨世纪青年农民科技培训"等活动，培养农村科技带头人，提高实用技术进村入户率。加大农业技术推广应用力度，解决农业发展中的关键技术问题。组织开发和推广一些先进实用技术，重点推广良种良苗、设施农业、节水灌溉、无公害生产、节能利用以及农产品加工、保鲜、贮运等农业实用技术。依靠农业科技机构、科技龙头企业、民间科技社团等多种力量，创办农业科技示范园，举办多形式的科技推介活动，推动产学研、农科教有机结合，提高农业科技成果转化率和科技进步贡献率。

（四）确保种植结构调整的技术措施

1. 良种良苗更新换代和推广普及

着力建设一批省县级良种良苗基地，积极引进、选育、推广高产、优质、高抗性农作物良种，加快品种更新换代，实现主要农作物良种化、优质化。要做好良种良苗引进的试验示范推广工作，组织基层农技人员和种植大户到现场观摩，通过他们对良种良苗进行大力推广普及，提高良种覆盖率。加强种子种苗基础设施建设，重点建设优势农产品种苗快繁脱毒中心、优质品种引育扩繁中心以及农作物种子加工、种子质量认证与检测、种质资源鉴定中心，提高良种综合生产能力。加强种子种苗质量监管，强化检疫，把好入进关。建设一批"信得过种苗场"，推行种苗质量承诺制度。继续办好优质种子种苗推介会，加快种业产业化进程。

2. 更新农艺技术，推进标准化生产

改革耕作制度，推进轮作间作制，减少农作物病虫害的发生。编印《农药、肥料使用知识手册》，引导农民科学施肥、合理用药。加强土壤监测，开展施肥肥效监测，建立土壤养分档案。有效控制使用硝态氮肥，鼓励使用有机肥和生物肥料，推广秸秆还田，推行测土配方施肥。制定农产品生产技术操作规程，建设一批农业标准化生产示范区和生产基地，引导农民进行标准化生产。大力推广优良品种和无公害、标准化、测土配方施肥、地膜、微滴灌节水等先进技术，使优良品种和先进适用栽培技术覆盖率达90%以上。统一农资供应，重点是通过农民专业合作组织，帮助农户购置薄膜、铁架、竹竿等农资，降低了设施建设和生产成本。

3. 加强农产品质量安全体系和市场服务体系建设

加强农业综合执法队伍建设，组建农产品检测中心，确保农产品质量安全。不断提升农业科学管理水平，打响农产品生态、绿色品牌。扶持龙头企业和专业大户，积极发展购销代理、产品配送、农资超市、网上交易等流通形式，延伸和拓展农产品国内外市场营销空间，带动农民走向市场。

4. 发展设施农业，提高农业效益

2009年以来，海南省定安县把农业结构调整与现代化农业发展资金项目有机结合起来，大力发展设施大棚瓜菜。定安县委、县政府积极引进客商和引导合作社发展设施农业。

作为海南省农业大县，近年来，定安县围绕"两区一城一调整"发展战略，大力发展设施农业。如定安雷鸣镇涩尾岭大棚西瓜亩产可以达到5 000千克左右，利润5 000多元。采用大棚种植冬季瓜菜，每亩可以获得3 000~5 000元的收入，比不采用大棚种植模式产值要高得多。除了发展西瓜、花卉种植外，定安的设施农业将包括大棚种植小番茄、彩椒以及冬季瓜菜等。走设施农业是定安农业发展的方向。

定安把设施农业作为调整农业结构的重要措施，采取财政扶持、政府贴息等优惠政策，并通过"公司+专业合作社+农户"的模式，鼓励农民发展设施农业。目前全县设施农业用地 1 759.00 亩，设施农业的投入已超过 2 500 万元。

5. 净化农业生产环境

加强农业投入品的管理，探索建立农药、种子专营制度和保证金制度。严格执行国家关于农业投入品禁用和限用目录，全面清理整顿农资生产经营网点，严厉打击制售假冒伪劣农业投入品行为。实施"农药肥料监控工程"，杜绝剧毒、高毒、高残留农药和重金属元素含量超标的液体肥流入瓜果菜生产基地，同时推介一批高效低毒的生物农药和高效化肥品种及其使用方法。推广应用农业植保机械。加强瓜果菜生产基地的环境质量检测，并及时通过新闻媒体公布检测结果。按照统一环境质量、统一关键技术、统一技术规程、统一监测方法、统一产品标识、统一认证办法的要求，着力建设一批无公害农产品生产示范基地，积极推进基地认证制度、挂牌制度和质量追溯制度。

为了防止"豇豆事件"再次发生，定安县抓好农药市场监管和农产品质量安全检测，严厉打击制售伪劣种子、肥料、农药行为，杜绝使用高毒、剧毒农药，确保冬季瓜菜生产和质量安全。

结　　语

种植业布局的调整既不能重走过去"以粮为纲"的老路，又不能"重钱轻粮"，缺乏全局观念。应该在确保粮食稳定增长这个重点的前提下，大力调整和优化农村产业结构，使农村各业得到了全面、协调发展，农民收入大幅度提高，并且使农村经济、城乡经济产生了良性循环的效应。为了进一步发展农村经济、增加农民收入，要大力推进现代农业建设，着力发展高产、优质、高效、生态、安全农业，拓展农业产业化经营，发展农村二、三产业，引导农村富余劳动力向非农产业和城镇有序转移，建立起农民增收的长效机制。

第三节　海南省定安县水稻最佳施肥试验研究专题报告

一、概　　况

当前农业生产过程中，施肥上存在很大的盲目性，过量施肥不仅造成肥料资源大量浪费、生产成本增加、农产品品质下降，还造成对环境的污染；施肥不足又不能发挥作物的增产优势。"3414"肥效试验是目前国内外应用较为广泛的田间试验方案，为提高土壤施肥效益，改善土壤肥力状况，实施用地与养地相结合的方针，我们在全县大宗土壤类型上进行了水稻氮磷钾"3414"肥料效应试验。

二、调查研究方法

（一）材　　料

1. 供试土壤

试验设在定城镇后山洋，前茬作物为水稻，供试土壤类型为潴育型水稻土，质地为砂壤土，基础地力见表7-4。

表7-4　供试土壤养分理化性状

酸碱度	有机质（%）	碱解氮（mg/kg）	速效磷（mg/kg）	速效钾（mg/kg）
4.72	1.21	62.0	178.2	25.3

2. 供试品种

供试水稻品种为博Ⅱ优629，全生育期123天。2010年3月4日播种，3月23日插秧，7月4日取样考种、收割测产。

3. 供试肥料

尿素（N 46.4%），过磷酸钙（P_2O_5 12%），氯化钾（K_2O 60%）

（二）研究方法

试验采用"3414"完全实施方案设计，该设计吸收了回归最优设计处理少、效率高的优点，为应用较为广泛的肥效试验方案。共设3因素4水平14个处理，3次重复，各小区随机排列，小区面积20平方米。各水平施肥量见表7-5。

表7-5　"3414"试验各水平施肥量　　　　　　　　　（kg/667m²）

水平	N	P_2O_5	K_2O
0	0	0	0
1	5.0	2.5	5.5
2	10.0	5.0	11.0
3	15.0	7.5	16.5

注：

基肥：N（30%）、P_2O_5（100%）、K_2O（20%）；

第一次追肥（插后10~12天）：N（50%）、K_2O（30%）；

第二次追肥（插后30~35天）：N（20%）、K_2O（50%）。

三、结果与分析

不同处理对水稻农艺性状和产量的影响如表 3 所示。分蘖数、科高、产量随氮肥施用量的增多而增大，随 P 肥、K 肥施用量的变化关系不明显。从调查数据中发现，分蘖数以处理 10 最高，株高以处理 11 最高，产量以处理 7 最高。计算采用的每千克价格，N、P、K 肥以 N、P_2O_5、K_2O 分别为 5.17、9.17 和 5.67 元，稻谷为 2.6 元。

（一）不同 NPK 水平对水稻产量及生物学特性的影响

1. N 的影响

（1）不同施 N 水平对水稻产量的影响

PK 施肥量同为 2 水平的 2、3、6、11，1、2、3 水平与 0 水平有显著性差异（表 7-3），说明施 N 所起的增产作用很大。以施 N 水平为横坐标，水稻产量为纵坐标，得到在供试条件下，水稻产量（y）与施 N 量（x）的二次函数（图 7-1），回归方程为：$y = -1.477\,3x^2 + 34.951x + 533.88$（$R^2 = 0.998\,5^{**}$），相关极显著。据此方程可以得出，在每亩施 P_2O_5 5.0、K_2O 11.0、N 11.83 千克的情况下，水稻理论最高亩产量为 740.60 千克。最佳亩施 N 量为 11.49 千克，相应理论亩产量为 740.39 千克。

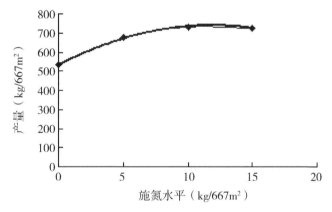

图 7-1 不同施氮量与水稻产量的关系

（2）不同施 N 水平对水稻生物学特性的影响

PK 施肥量同为 2 水平的处理 2、3、6、11，分蘖数、株高随施 N 水平的增加而提高，提高效果显著。

2. P 的影响

（1）不同施 P 水平对水稻产量的影响

NK 施肥量同为 2 水平的 4、5、6、7，3 水平与 1、2 水平差异不显著，与 0 水平差异显著；1、2 水平与 0 水平间差异不显著（表 7-6）。在试验条件下，施 P 在 1、2 水平时所起增产作用不大，这很可能是由于供试土壤中速效磷（178.2 毫克每千克）极丰富所致。以施 P_2O_5 水平为横坐标，水稻产量为纵坐标，得到在供试条件下，水稻产量与施 P_2O_5 水平的关系曲线（图7-2），但两者间相关性很差。建议亩施 P_2O_5 量在1~2水平即 2.5~5.0千克。

表7-6 不同施肥处理对水稻各性状的影响

处理	分蘖数（株）	株高（cm）	产量（kg/667m²）	增产率（%）
1（$N_0P_0K_0$）	10.42	41.38	522.48 c C	—
2（$N_0P_2K_2$）	9.93	41.07	532.49 c BC	1.92
3（$N_1P_2K_2$）	13.38	51.50	675.89 ab ABC	29.36
4（$N_2P_0K_2$）	15.80	53.92	643.66 b ABC	23.19
5（$N_2P_1K_2$）	16.97	54.78	732.59 ab A	40.21
6（$N_2P_2K_2$）	16.77	54.78	731.48 ab A	40.00
7（$N_2P_3K_2$）	16.18	54.72	794.84 a A	52.13
8（$N_2P_2K_0$）	15.92	53.08	668.11 b ABC	27.87
9（$N_2P_2K_1$）	16.00	55.85	760.38 ab A	45.53
10（$N_2P_2K_3$）	17.67	56.35	678.12 ab ABC	29.79
11（$N_3P_2K_2$）	17.33	57.48	727.03 ab A	39.15
12（$N_1P_1K_2$）	13.58	49.57	688.12 ab AB	31.70
13（$N_1P_2K_1$）	13.08	49.82	674.78 ab ABC	29.15
14（$N_2P_1K_1$）	16.92	56.57	700.35 ab A	34.04

注：表中不同大写字母表示差异极显著，不同小写字母表示差异显著。

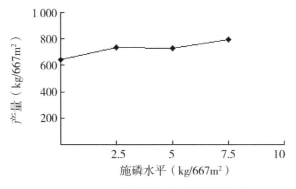

图7-2 不同施磷量与水稻产量的关系

（2）不同施P水平对水稻生物学特性的影响

NK施肥量同为2水平的4、5、6、7、1、2水平水稻分蘖数、株高比0、3水平高，这可能是由于土壤本身速效磷（178.2 毫克每千克）水平较高，在 3 水平时有一定的抑制作用。

3. K 的影响

（1）不同施 K 水平对水稻产量的影响

NP 施肥量同为 2 水平的 6、8、9、10，1、2、3 水平与 0 水平间差异不显著（表 7-3）。以施 K_2O 水平为横坐标，水稻产量为纵坐标，得到在供试条件下，水稻产量与施 K_2O 水平的关系曲线（图 7-3），回归方程为 $y = -1.2036x^2 + 19.879x + 672.95$（$R^2 = 0.9189^*$），相关显著。据方程得出，在亩施 N 10.0、$P_2O_5$ 5.0、K_2O 8.26 千克的情况下，水稻理论最高亩产量为 755.03 千克。最佳亩施 K_2O 量为 7.72 千克，相应理论亩产量为 754.68 千克。

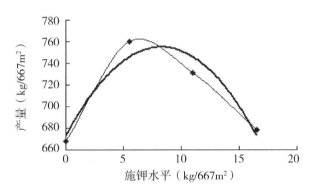

图 7-3　不同施钾量与水稻产量的关系

（2）不同施 K 水平对水稻生物学特性的影响

NP 施肥量同为 2 水平的 6、8、9、10，水稻分蘖数、株高随施 K 量的增加而增加。

（二）缺素处理对水稻产量及生物学特性的影响

1. 缺素处理对水稻产量的影响

由表 7-6 可知，全肥区处理 6 产量较高，亩产达 731.48 千克，不施肥处理 1 的产量是处理 6 产量的 71.43%，说明该土壤基础地力较高，在中量施肥水平下，肥料对产量的贡献只有 28.57%；处理 6 比缺氮、磷、钾肥（其他肥料品种同处于 2 水平）的处理 2、4、8 每亩增产 198.99、87.82 和 63.37 千克，增幅高达 27.20%、12.01% 和 8.66%；处理 6 与处理 2 差异显著，与处理 4、8 差异不显著。说明在该试验条件下，NPK 三要素中，N 肥有较高的增产效果，其次为 P，最低的为 K。

2. 缺素处理对水稻生物学特性的影响

不施 NPK 肥均对水稻分蘖数、株高有影响，N 肥的影响最大，不施 PK 肥影响相对较小。K 肥对分蘖数、株高的影响稍比 P 大。

四、对策与建议

对不施 N、不施 P、不施 K、NPK 均施的处理 2、4、8、6 和对照的产量进行分析，结果得出，不施肥处理的产量是处理 6 产量的 71.43%，说明该土壤基础地力较高，在中量施肥水平下，肥料对产量的贡献只有 28.57%；缺 N 的相对产量为 72.80%，说明在中量施肥水平下，N 肥对产量的贡献达到 27.20%；缺 P 的相对产量为 87.99%，说明在中量施肥水平下，P 肥对产量的贡献是 12.01%；缺钾的相对产量为 91.34%，说明在中量施肥水平下，K 肥对产量的贡献为 8.66%，效果不明显。本试验研究表明，后山洋水稻田土壤碱解氮低，速效磷和速效钾为中；N、P、K 肥的增产效果排序是 N>P>K。

不施 NPK 肥均对水稻分蘖数、株高有影响，N 肥的影响最大，不施 PK 肥影响相对较小。分蘖数、株高影响 N>K>P。

在亩施 P_2O_5 5.0 千克、K_2O 11.0 千克、N 11.83 千克的情况下，水稻理论最高亩产量为 740.60 千克。最佳亩施 N 量为 11.49 千克，相应理论亩产量为 740.39 千克。亩施 P_2O_5 量建议 2.5~5.0 千克。在亩施 N 10.0、P_2O_5 5.0、K_2O 8.26 千克的情况下，水稻理论最高亩产量为 755.03 千克。最佳亩施 K_2O 量为 7.72 千克，相应理论亩产量为 754.68 千克。

主要参考文献

定安县农业局 . 1985. 定安土壤普查报告书［R］.

龚子同，张甘霖，漆智平 . 2004. 海南岛土系概论［M］. 北京：科学出版社.

海南省定安县地方志编纂委员会 . 2007. 定安县志［M］. 海口：海南出版社.

海南省农业厅土肥站 . 1994. 海南土壤［M］. 海口：三环出版社.

海南省农业厅土肥站 . 1994. 海南土种志［M］. 海口：三环出版社，海南出版社.

海南省统计局 . 2009. 海南统计年鉴 2008［M］. 北京：中国统计出版社.

定安县耕地地力调查与质量评价专题图片

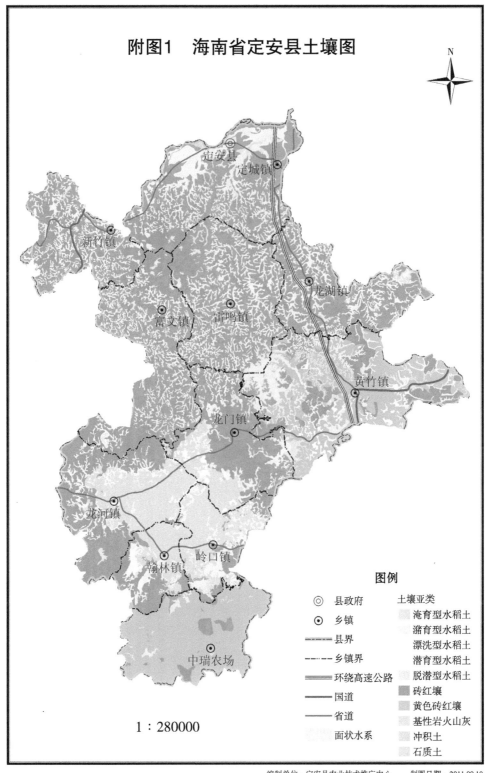

附图1　海南省定安县土壤图

N

图例

◎	县政府	土壤亚类
⊙	乡镇	淹育型水稻土
--·--	县界	潴育型水稻土
--·--	乡镇界	漂洗型水稻土
===	环绕高速公路	潜育型水稻土
——	国道	脱潜型水稻土
——	省道	砖红壤
	面状水系	黄色砖红壤
		基性岩火山灰
		冲积土
		石质土

1：280000

编制单位：定安县农业技术推广中心　　制图日期：2011.09.10

附图2 海南省定安县土壤样点分布图

1 : 280000

图例

● 采样点	▦ 环绕高速公路
◎ 县政府	── 国道
⊙ 乡镇	── 省道
══ 县界	面状水系
─·─ 乡镇界	

编制单位：定安县农业技术推广中心　　制图日期：2011.09.10

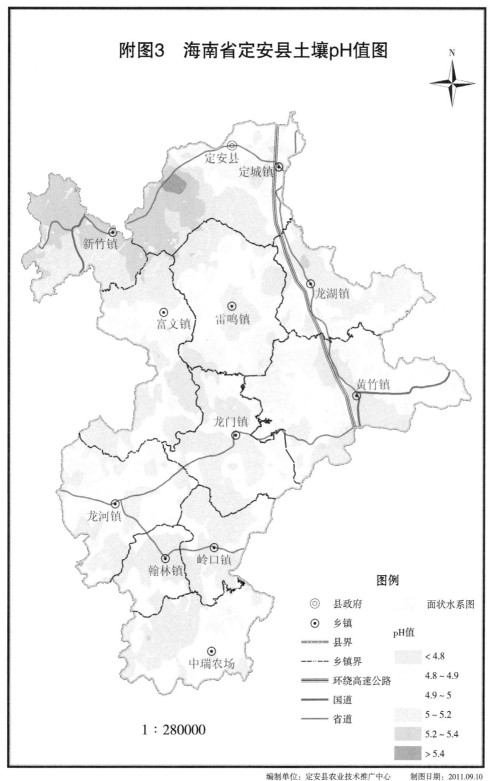

附图3　海南省定安县土壤pH值图

N

定安县
定城镇

新竹镇

龙湖镇

富义镇　雷鸣镇

黄竹镇

龙门镇

龙河镇

翰林镇　岭口镇

中瑞农场

1：280000

图例

◎　县政府
◉　乡镇
　　县界
　　乡镇界
　　环绕高速公路
　　国道
　　省道

面状水系图

pH值

< 4.8
4.8 ~ 4.9
4.9 ~ 5
5 ~ 5.2
5.2 ~ 5.4
> 5.4

编制单位：定安县农业技术推广中心　　制图日期：2011.09.10

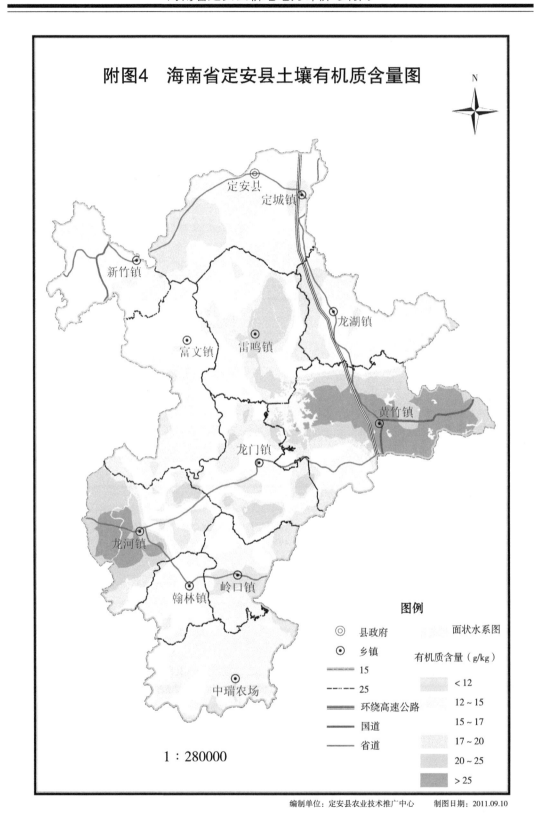

附图4 海南省定安县土壤有机质含量图

N

图例

◎ 县政府
◉ 乡镇
━━━ 15
┅┅┅ 25
━━━ 环绕高速公路
━━━ 国道
━━━ 省道

面状水系图

有机质含量（g/kg）
< 12
12 ~ 15
15 ~ 17
17 ~ 20
20 ~ 25
> 25

1：280000

编制单位：定安县农业技术推广中心　　制图日期：2011.09.10

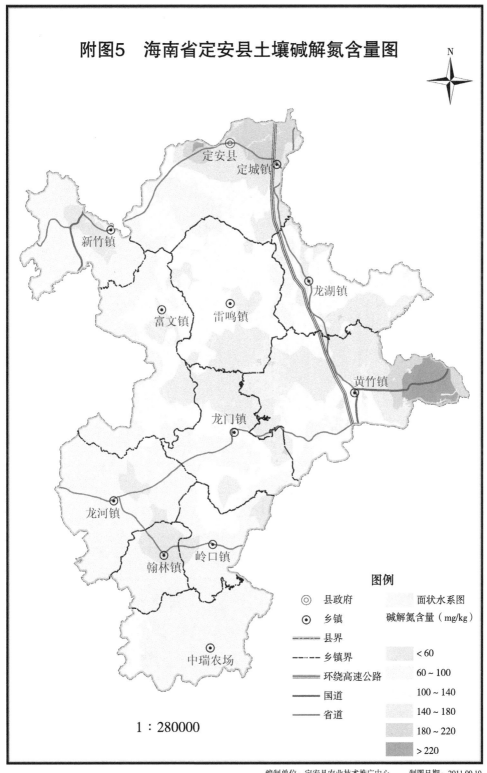

附图5 海南省定安县土壤碱解氮含量图

图例

⊚ 县政府
⊙ 乡镇
━━━ 县界
━·━ 乡镇界
═══ 环绕高速公路
━━━ 国道
━━━ 省道

面状水系图

碱解氮含量（mg/kg）
< 60
60 ~ 100
100 ~ 140
140 ~ 180
180 ~ 220
> 220

1：280000

编制单位：定安县农业技术推广中心　　制图日期：2011.09.10

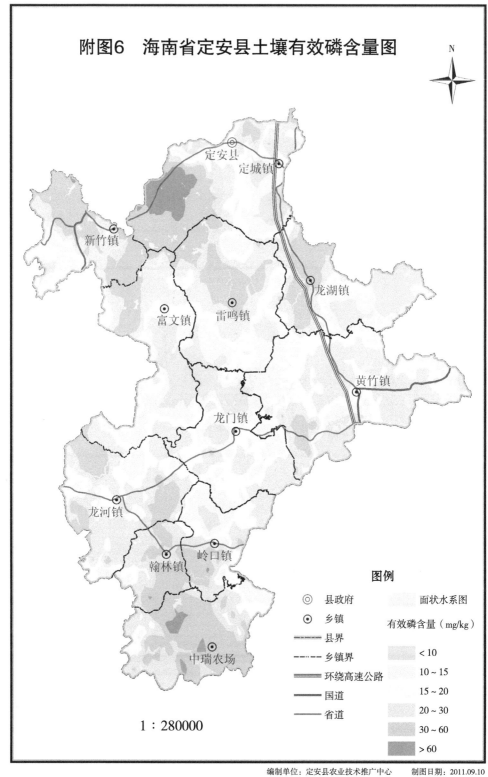

附图6 海南省定安县土壤有效磷含量图

N

图例

◎ 县政府

⊙ 乡镇

———— 县界

- - - - 乡镇界

═══ 环绕高速公路

———— 国道

———— 省道

面状水系图

有效磷含量（mg/kg）

< 10

10 ~ 15

15 ~ 20

20 ~ 30

30 ~ 60

> 60

1 : 280000

编制单位：定安县农业技术推广中心　　制图日期：2011.09.10

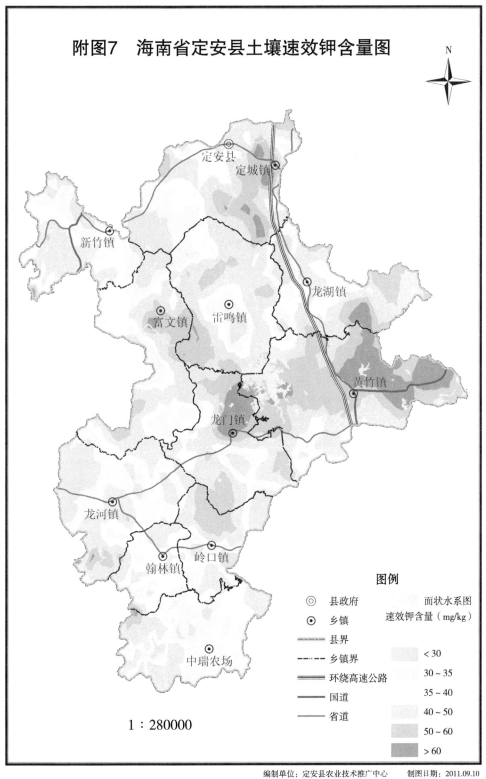

附图7　海南省定安县土壤速效钾含量图

N

定安县
定城镇

新竹镇

龙湖镇

富文镇　雷鸣镇

黄竹镇

龙门镇

龙河镇

岭口镇

翰林镇

中瑞农场

1：280000

图例

◎　县政府

⊙　乡镇

　　　　　县界

　　　　　乡镇界

　　　　　环绕高速公路

　　　　　国道

　　　　　省道

面状水系图
速效钾含量（mg/kg）

< 30

30 ~ 35

35 ~ 40

40 ~ 50

50 ~ 60

> 60

编制单位：定安县农业技术推广中心　　制图日期：2011.09.10

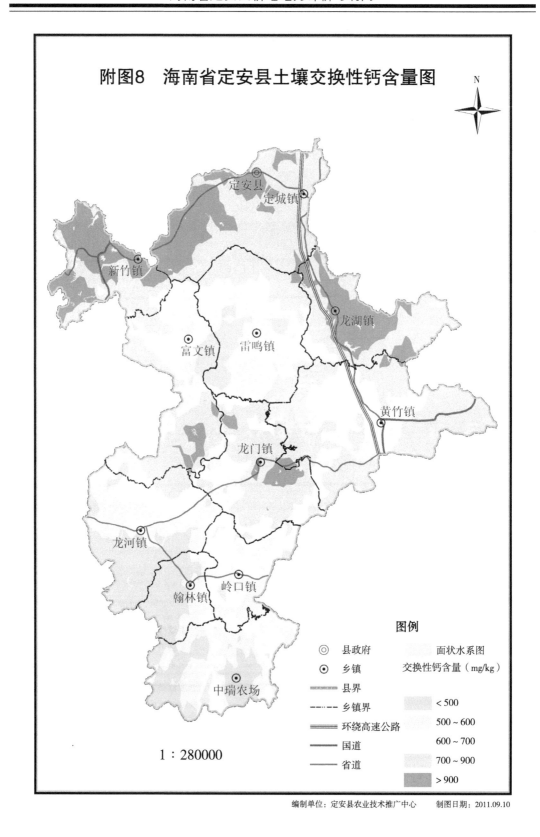

附图8 海南省定安县土壤交换性钙含量图

N

1：280000

图例

◎ 县政府   面状水系图
⊙ 乡镇   交换性钙含量（mg/kg）

——— 县界   □ < 500
------ 乡镇界   □ 500 ~ 600
═══ 环绕高速公路   □ 600 ~ 700
——— 国道   □ 700 ~ 900
——— 省道   ■ > 900

编制单位：定安县农业技术推广中心   制图日期：2011.09.10

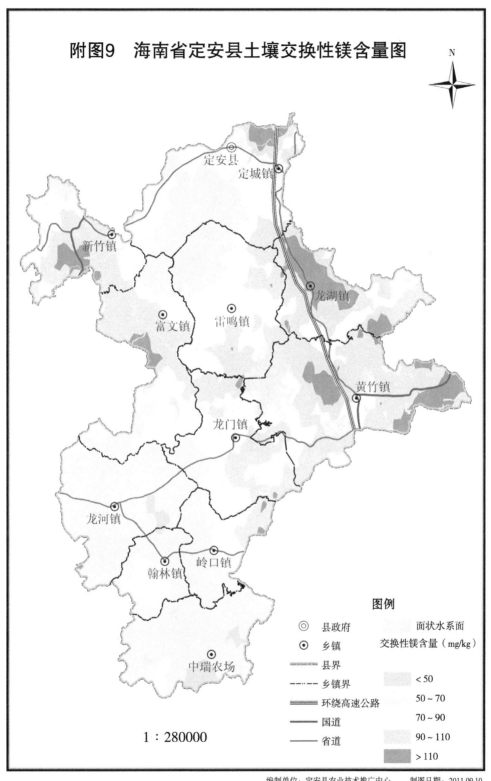

附图9 海南省定安县土壤交换性镁含量图

1：280000

图例

◎ 县政府
⊙ 乡镇
────── 县界
------ 乡镇界
══════ 环绕高速公路
────── 国道
────── 省道

面状水系面

交换性镁含量（mg/kg）

░ < 50
　 50 ~ 70
　 70 ~ 90
▒ 90 ~ 110
▓ > 110

编制单位：定安县农业技术推广中心　　制图日期：2011.09.10

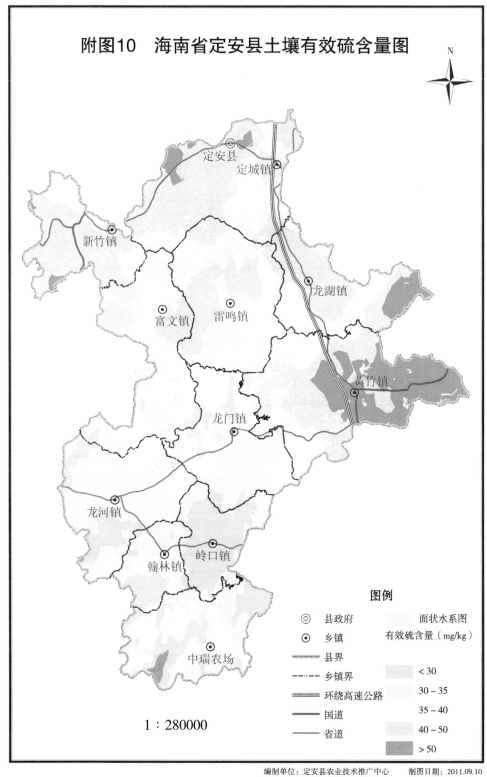

附图10　海南省定安县土壤有效硫含量图

1：280000

图例

◎ 县政府

⊙ 乡镇

面状水系图

有效硫含量（mg/kg）

━━━ 县界

┅┅┅ 乡镇界

━━━ 环绕高速公路

━━━ 国道

━━━ 省道

< 30

30～35

35～40

40～50

> 50

编制单位：定安县农业技术推广中心　　制图日期：2011.09.10

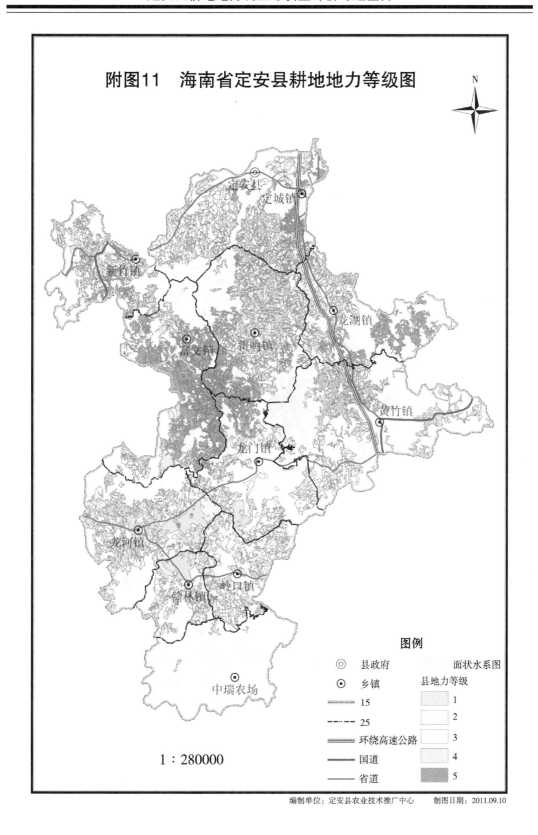

附图11　海南省定安县耕地地力等级图

图例

县政府

乡镇

‐‐‐‐‐ 15

‐‐ ‐‐ 25

环绕高速公路

国道

省道

面状水系图

县地力等级

1

2

3

4

5

1：280000

编制单位：定安县农业技术推广中心　　制图日期：2011.09.10